Soothe

Restoring Your Nervous System from

你的

Stress,

身体，

Anxiety,

从未
忘记

Burnout,

爱你

and Trauma

[英] 纳希德·德贝尔吉翁（Nahid de Belgeonne）　著

周六野 Zoey　译

人民邮电出版社

北京

图书在版编目（CIP）数据

你的身体，从未忘记爱你 / （英）纳希德·德贝尔吉翁（Nahid de Belgeonne）著；周六野译. -- 北京：人民邮电出版社，2025. -- ISBN 978-7-115-67421-0

Ⅰ. B842.6-49

中国国家版本馆 CIP 数据核字第 20255TB792 号

免 责 声 明

作者和出版商都已尽可能确保本书技术上的准确性以及合理性，并特别声明，不会承担由于使用本出版物中的材料而遭受的任何损伤所直接或间接产生的与个人或团体相关的一切责任、损失或风险。

内 容 提 要

在这个被效率裹挟的时代，我们常像绷紧的琴弦，在无止境的待办清单中逐渐失去与自我的连接。重重压力之下，身体默默承受和记录着你所经历的一切，并以千百种方式坚定地爱着你。

本书旨在引导你重新连接自己的身体与精神，倾听被忽视的"身体信号"，并帮助你从感知、呼吸、触摸、运动、休息、营养和连接方面疗愈疲惫不堪的神经系统，挣脱压力、焦虑、倦怠与创伤的桎梏。此外，本书提供了每日可践行的神经系统安抚仪式和情绪救援练习，以帮助你及时给与自己抚慰，最终重建身心秩序，温柔走向最初的自己。

◆ 著　　　　[英] 纳希德·德贝尔吉翁（Nahid de Belgeonne）
　　译　　　　周六野 Zoey
　　责任编辑　刘　蕊
　　责任印制　彭志环
◆ 人民邮电出版社出版发行　　北京市丰台区成寿寺路 11 号
　　邮编　100164　　电子邮件　315@ptpress.com.cn
　　网址　https://www.ptpress.com.cn
　　三河市中晟雅豪印务有限公司印刷
◆ 开本：720×960　1/32
　　印张：8.5　　　　　　　　　2025 年 7 月第 1 版
　　字数：149 千字　　　　　　 2025 年 8 月河北第 2 次印刷
　　著作权合同登记号　图字：01-2024-5984 号

定价：49.80 元

读者服务热线：(010)81055296　印装质量热线：(010)81055316
反盗版热线：(010)81055315

致鲁迪·德贝尔吉翁（Rudy de Belgeonne）——
安抚我灵魂的人。

"据我所知，没有哪本书能对你的身体产生如此深远的影响。"

—— **法拉赫·施托尔（Farrah Storr）**，Substack 英国及欧洲区作家合作伙伴关系负责人，*Elle* 杂志（英国版）和 *Cosmopolitan* 杂志前编辑

"深入体验纳希德的教学是一段极富恢复性的经历，也是对神经系统健康的真正投资……我们中的许多人都在与一个疲惫的神经系统共存，我们认为这是现代生活的必然，但纳希德向我们展示了不同的方式。这本书是一个工具包，让你的身体重新与心灵建立联系，帮助你感到平静和恢复。"

—— **罗莎蒙德·迪安（Rosamund Dean）**，*Grazia* 杂志特约编辑

"在纳希德的帮助下，我度过了职业倦怠期。这本书冷静，不玄乎，是任何试图同时应对生活中众多挑战的人必读的。"

—— **玛丽安娜·琼斯（Marianne Jones）**，作家和播客主持人，*The Telegraph Magazine* 杂志和 *Stella* 杂志前编辑

"我很幸运能够认识并和纳希德一起工作，她的课程以看似微小的动作和呼吸练习，对我产生了巨大的积极影响。我仍然每晚使用她的技巧来帮助入睡，并总是在焦虑加剧时向她寻求帮助。你真的可以通过封面来判断这本书，因为它确实做到了它所承诺的。这是一本终极手册，用于安抚

一个紧张的神经系统，并在当今疲惫和脱节的环境下，重新唤起我们对身体和心灵的意识。"

—— 露西·威廉斯（Lucy Williams），数字内容创作者

"这本书既包含生理学知识，又包含练习实践，还包含引人共鸣的回忆……它是一本迷人的、没有过多术语的指南，帮助你理解自己的身体，找到一种更平静的生活方式。当我翻阅每一页时，我几乎能听到纳希德那令人安心的声音。"

—— 苏珊·赖利（Susan Riley），*Stylist* 杂志品牌负责人

"如果你感到压力重重，我会真诚地推荐你去寻找她——纳希德。她在放松和缓解压力方面是个'巫师'。"

—— 萨拉·帕斯科（Sara Pascoe），演员

"这本书中的方法真的有效，它应该成为我们所有人的'处方'。这是一本适合这个时代的图书，能够让你恢复平衡。"

—— 丽贝卡·纽曼（Rebecca Newman），*Financial Times* 副刊、*HTSI* 杂志特约编辑

"纳希德并不是我预期中的那些空谈的战士——她脚踏实地，直言不讳，声音深沉而权威。"

—— 鲁瓦森·凯利（Roisin Kelly），*The Sunday Times* 记者

"通过几次课程，她帮我加深了对自己的身体及其运动的理解和感知……每次上完纳希德的课后，我总是感到非常幸福。"

—— 杰玛·阿特顿（Gemma Arterton），演员

目录

引言

知识来源于我们的感官，如果我们扩展我们的感官，那么我们就会相应地扩展我们的知识。

—— 尼尔·哈比森（Neil Harbisson）

安抚：温柔地平静下来，减轻疼痛或不适，缓解或舒缓压力。

我在充满压力、不快乐和忧虑的环境里长大。没有人希望那样，但它确实发生了。我学会了压抑自己的真实感受，因为这不方便和别人倾诉——他们自己也被痛苦紧紧束缚。我只记得，我的感受都是压倒性的，因为我没有地方可以放置它们。

我的父母在 20 世纪 60 年代从孟加拉国来到英国，据说这段经历是令人兴奋的、大胆的和勇敢的，但同时也要面对冷漠的、未知的、孤立的环境，有时甚至要面临威胁。他们开始在一个不同的国家和文化中生活，远离了之前的大社区，没有了能够支持的安全网，同时还要坚持高要求的工作。我在多元文化的伦敦出生和长大，这意味着不同人之间可以轻松地进行社交。但是，在充满不稳定、严格的规则、愤怒的言辞，以及偏向男性的家庭中成长，让我对家庭生活的理解是充满争斗和不快乐的。空气中总是弥漫着紧张气氛。我的父亲离开我们去国外工作了一段时间，为了孩子们，可能也是为了我的母亲，当时我们被寄宿在学校，并只能在假期去看望他。那种被遗弃的感觉从未真正被提及。通常情况下，当你有一个家长要承担起抚养家庭的重担时，你倾向于不去谈论那些困扰你的事情，因为你不想增加他们的痛苦。当照顾你的人没有学会如何安抚或安慰自己时，他们也无法将这些宝贵的技能传授给你。

在纯粹的感官层面上，我明白运动有助于消散我的情绪。我在学校时喜欢运动，尤其喜欢个人活动胜过团队活动，这样可以更好地让我的精神安静下来。当我的身体投入运动时，我可以将自己的注意力从嘈杂的头脑转移到身体的感觉上。身体运动的感觉是如此吸引人，以至于我忘记了担心那些可能有一天会发生的事情。我开始跑步，当我想去离家出走的时候；我开始练跆拳道，当我决定离开我的第一任丈夫的时候；我练习瑜伽，当我辞去了一份高薪但充满压力的工作，而且没有计划的时候。我在寻找任何能让我停止思考的东西，因为我的思想给我带来了精神上的痛苦。我曾持有两个信念，直到现在，事后看来，我才认识到：我相信我的情感使我变得脆弱，相信休息会阻碍我前进。这些信念塑造了我成年后的性格。

外表上，我看起来成功且随和。实际上，我取得的每一项成就都让我的身心健康付出了代价。我经常强迫自己熬过疲惫和疾病。多年来，我遭受了焦虑症、恐惧症、神经痛和荨麻疹的折磨，并且因为忽略了身体的信号，我差点儿死于坏疽性阑尾炎。

我知道我必须改变对待生活的方式。年轻时可以承受许多事情，但随着年龄的增长和责任的增加，那种狂热的生活方式会抓住你。你会感到被多年来在各个方向上的过度扩张所压倒，并意识到这种运作方式不仅不可持续，而且了无乐趣。

当时我在伦敦市中心拥有并管理自己的健身工作室，我开始注意到自己并不是唯一一个有这种感觉的人。我看到客户们——无论他们参加多少瑜伽、普拉提或其他健身课程——会迅速反弹至感到压力巨大和濒临耗尽的状态。

我开始寻找更可持续的做法，更深入地进行神经系统方面的调节——这影响着我们如何体验生活。我的目标是在不需要意志力的参与或强制进行积极思考的情况下做到这一点。因为这些只会让你感到疏离，它们不允许你感受到人类情感的全部范围：爱、愤怒、好奇、欲望、恐惧和悲伤。我进行了研究和调查，然后在我自己和客户身上验证我的发现。经过多年的打磨和调整，我形成了"The Human Method"：一个彻底的重新学习系统，它通过躯体运动、呼吸练习和恢复性实践的结合来协调身心。这种方法最初是为了帮助那些有疾病或行动问题，以及受伤康复的人而开发的。然而，我注意到还有一群人也需要帮助，他们正在经历慢性压力、职业倦怠、焦虑和创伤。因此，我创建了"安抚计划"，旨在帮助人们调节他们的神经系统，并减少这些症状。

我的客户通过"安抚计划"获得了很好的效果。我想分享这些知识，这样你也能感受到它的好处。

什么是"安抚计划"

我的实践根植于一种躯体运动疗法。"躯体"意味着与身体有关。躯体运动使用动作帮助人们与他们的身体和情感建立联系。对于那些正在面对疼痛、压力或焦虑的人来说,这可能会有所帮助。

"躯体"一词来源于希腊语中的"soma",意为"身体"。躯体运动疗法基于这样一种理念:身体和精神不是分开的,而是相互联系的。当我们经历情感时,它们可能以紧张、疼痛或其他身体症状的形式体现在我们的身体上。躯体运动可以帮助我们释放这些身体症状,并以更专注的方式与我们的身体重新建立联系。

自从我第一次开发并实践"安抚计划"以来,我一直致力于调节神经系统。我能够以一种更加共情的方式自我调节情感,这样我就可以在压力出现时处理它们,而不是在身体中储存,直到它们变得难以忍受。我现在在人际关系中更加诚实,能够谈论困难的问题而不会把事情搞砸。我睡得更好,不再遭受焦虑症的折磨,并理解了休息的重要性。在我的生命中,我第一次对自己和自己的处境感到平和。凭借这些改变，我顺利地应对了我的健身工作室的出售，这间工作室我已经经营了十三年；经历了更年期；将我的专业工作转移到了线上；从伦敦搬到海边居住。

这并不是说我不再对事情担心，或者有时候不会感到悲伤或沮丧。在写这本书的过程中，有亲人的离世、疾病、悲伤，以及日益严重的气候危机、能源危机等。我学会了阻止自己的反刍思维，这样我就不再对可能发生的事情感到焦虑。在我自己和我的客户的生活经历中，我发现让思绪在脑海中反复旋转，或者压抑自己的情感，会导致精神上的痛苦。这也意味着你不能以一种真实的方式生活，拥抱构成你是谁的所有方面。我相信这种不真实的生活，会阻止你与自己和他人建立有意义的关系。

我现在学会了在强烈情感出现时照顾自己，并将我的情感从身体中跳脱出去。一旦安抚了自己，我就能以一个更加平静的心态做出决定。我学会了享受生活的过程，这样我就不必等待生活中的所有事情最终都能如愿以偿的那一天。我现在学会了从轻松的内在寻找解决方案，而不是不断寻求下一个外部的慰藉，希望它能安抚我。我更能培养与自己和自己的生活产生共情的关联。

"安抚计划"如何帮助你

我们并没有在整个生命过程中照顾自己，而是主要在崩溃时才照顾自己。我们不会停下来问"为什么我感到焦虑、悲伤或疲惫？"，我们不会停下来问"为什么我们都忍受着来自集体的不自在？"。我们选择坚持下去，于是身体感到紧张和疼痛，大脑不断受到过度刺激。我们可能对自己的生活状况感到感激和满足，但同时可能对关于人性最糟糕方面的信息轰炸感到极度不安。它深植于我们的身体里，慢慢地，我们感到平静的能力被削弱了。

我发现，那种不安的感觉很大程度上来自我们过度工作的神经系统。未处理的情感变得停滞，导致我们生活在一种持续的高度警觉状态，或者说是过度警觉。你可能对周围环境极其敏感，但却又压抑自己的感受，因为你被教导要忽视不愉快的感觉。或者你对外界矛盾的信息感到困惑，以至于不再信任自己的感受。你不能让自己感到不知所措，因为没有足够的时间来照顾自己，所以你只是说"我现在不能想这个问题"，或者"我会在一天结束时处理这个问题"，然后你继续生活。你希望睡眠能够重启疲惫的头脑，但是一天结束时有太多事情需要处理，以至于你难以安顿下来进入平静的睡眠。对一些人来说，新鲜变成了冷漠，热情逐渐减退，内心的火花不再闪烁。

本书将教会你如何倾听身体的信号，这样你就能够安抚自己的情感，并以更多的能量和热情生活。我们的主流文化教导我们精神统治身体，虽然我在概念上理解这一点，但我现在亲身体验了这种理解。我们所有的思考都是由自己的感受和生活经历所决定的。我相信不可能仅通过思考就能摆脱某种情感状态。你可以合理化所经历的事情，但是要改变长期行为，需要调动你的精神和身体——或者正如我喜欢称之为的——你的"整体自我"。

运用"安抚计划"的躯体原则，我将引导你了解自己的身体和精神如何协同工作，帮助你连接这两者，并介绍可以融入生活的日常实践。你将学会用身体进行安抚，包括感知、呼吸、触觉、运动、休息、营养和连接。本书的第一部分将为你提供充分理解神经系统及其需求的知识。

一旦了解了是什么、为什么以及如何做，你将有能力培养新的经验，这些经验将安抚你的神经系统。你将能够放下以往的习惯，并利用书中第二部分的日常实践，在生活中处理压力，避免将它们储存在你的身体里——你将以身心整合的方式生活。书中包含的"案例研究"将有助于展示这种方法是如何在我的客户身上起作用的，并将展示它如何能够应用于任何人。为了保护隐私，所有案例都已进行匿名处理，但我希望你能在一些案例中看到自己的影子，并坚信你也能找到治愈和平衡的方法。

本书回归到如何做人的基本原则。你通过整个身体的反应来感知自己和周围的世界。你的身体总是在运动中不断地与重力协调，因为人在潜意识中总是试图找到平衡和均衡。整个身体是一个相互关联的、有节奏的网络：从脑电波的活动到血液的流动、细胞的脉动、激素的化学反应、关节中滑液的释放，以及淋巴系统缓慢地运行。定期地活动身体并照料它，将使身体能够以最佳的方式运作。而此时你正要开始一个新的篇章。在这个篇章中，你比以往任何时候都更加意识到自己的健康和幸福，还有什么比这更令人兴奋的呢?

一次又一次，我看到人们如何通过自我安抚改变生活。现在，我希望帮助读者理解为什么学习自我安抚将是我们遇到的最有价值的实践。

让我们开始吧。

第一部分

安抚

Soothe

0 1

你的身体

我们已经从智慧转移到知识，现在我们正在从知识转移到信息，而那些信息是如此片面——我们正在创造不完整的人类。

——范达娜·席瓦（Vandana Shiva）

很多年前——在我教授客户之前——我练习过热瑜伽。有一次，在一节 90 分钟的课程中，我经历了一个转变的时刻，但并不是人们通常会与瑜伽联系在一起的转变。大约在那次课程进行到一半的时候，准备开始站立姿势部分。我感到很累，因为在那么热的房间里待那么久是很累的：这种挑战正是热瑜伽吸引其受众的原因，包括当时的我。这种瑜伽是对耐力的考验，这与努力工作的城市生活文化非常契合。当时我有一份薪水不错但毫无目标的工作。我每天都会去上班，但感觉我没有创造出任何有价值的东西。我的婚姻已经走到了尽头，我不得不发起一场关于分道扬镳的艰难对话。我不喜欢静止不动，因为那将迫使我思考人生的方向，而这给我带来了太多的焦虑。所以，我就在那里参加热瑜伽课，试图分散自己对持续心理困扰的注意力。

指令都是关于做更多的事情：更多地伸展，锁住关节，更多地扩展，积极地收缩肌肉，更充分地呼吸。老师要求我们进入"树式"练习。她一步一步地指导：单腿站立，抬起另一条腿，弯曲膝盖，将脚压在站立腿的侧面，将弯曲的膝盖向外推。"看起来好像你的站立腿是树干，这条腿支撑着你的重量。然后收紧你的股四头肌。现在，"她说，"弯曲站立腿，让你的指尖触地"。我对这一点并不信服，但我内心的对话在说："没关系，她是老师。她学习过瑜伽和解剖学的知识。她知道我能做什么，因为她有证书。"

按照指示，我弯曲站立腿，开始下蹲。我意识到老师没有提到我的另一条腿——那条从臀部向外旋转并弯曲膝盖的腿该怎么办？之前最后的指令是膝盖向外推，所以我照做了。当我几乎跌倒、指尖触地时，我终于可以呼吸了。不知怎么的，我做到了，这场折磨结束了。但老师就站在我旁边，她说："现在站起来，就像你蹲下去那样。"

我不知道该怎么做，但我尝试了，因为老师告诉我要这样做。我开始伸直站立腿。我用脚尖重新站起来——我身体的每一个部分都在告诉自己不要这样做；另一个膝盖被向外推，我的骨盆感觉像是要裂开一样。然后我的膝盖发出了一声能听见的撕裂声，好像我的膝盖骨下面撕裂了什么东西。我无声地尖叫了一下——毕竟，我不想在课堂上让自己难堪。我把双脚放在地上，看着那位老师。我对她很生气，也对自己很生气。她能看出我很生气，开始向后退，远离我。我一瘸一拐地走出了教室，感觉自己像个瑜伽失败者，但同时也很困惑，为什么我会让一个陌生人说服我去练习一个感觉到不会有什么好结果的动作。为什么我要把对自己身体的责任交给别人？

这种情况并不仅限于瑜伽，在这堂课和我曾经参与的许多其他健身活动中，我都会让自己的大脑放空，把对自己身体的责任交给老师。在那个特定的情况下，我忽视了膝盖发出的警告信号，忽视了脚踝的感觉，忽视了小腿和大腿肌肉的紧张——这些都是我的身体在告诉我的大脑这种感觉不安全，它们正在准备减轻即将到来的伤害。我也忽视了我屏住呼吸和感到焦虑的事实，因为我在蹲下的过程中几乎没有运用任何技巧。我不可能复制这个动作，因为我没有理解自己是如何做到的，所以不知道如何再站起来。我感到有压力，因为课程的节奏很快，而且我的想象力让我觉得每个人都在看着我。我没有时间去弄清楚这一切。我没有专注地练习，而是强迫自己，尽管我内心的警钟在疯狂地响着。这种方法的问题在于：我们的思维基于塑造着我们的经历。当时我的经历是：我是一个工作狂，工作时间很长，大部分时间坐在电脑前，眼睛紧盯着屏幕，脖子后面酸痛，肩膀耸起至耳边，头前倾于脊柱。正如我所说，我并不喜欢自己的工作，但我仍然努力工作以证明我是不可或缺的。我几乎每晚都外出放松，以缓解一天没有目标的工作带来的压力。我经常过了午夜才睡觉，而且我喝很多咖啡来保持一整天的清醒。我常忘记吃饭，然后因为太饿而在一顿饭中吃得过多。大多数时候，我感到压力或焦虑，我的锻炼带有惩罚的成分。几乎就像是我想把焦虑和悲伤从我的身体中打出来。

回到热瑜伽那件事：事后看来，认为"我可以挺过去"并不是一个充分的策略。关注我的身体和神经系统之间的沟通，本来可以给我提供必要的信息，以做出更好的选择。

在这堂瑜伽课后，我直面了关于自己的许多想法——这些想法是之前的环境和经历造就的。

- 我不应该信任来自身体的信号，因为它们是原始的。
- 我的思想应该凌驾于身体的信号之上，因为我的思想比我的身体更复杂。
- 我的身体必须不惜一切代价达到某个结果。
- 我不灵活是错误的。
- 我做任何事情都很差劲。
- 我应该服从我的老师，因为她比我更有知识。
- 我不想在别人面前显得愚蠢。
- 我不想在公共课堂上与老师发生冲突。
- 我仍然感到压力和焦虑。

我原以为瑜伽课会教我如何降低我的压力水平，结果却让我陷入了一个负面思想的漩涡，使我不得不尖锐地面对许多自己持有的信念：那些由我在世界上的经历形成的，决定了我的行动和行为的信念——身体的信号，去它的吧！

那么，无法从一个瑜伽姿势中站起来是如何让我陷入这个黑洞的呢？我们对精神和身体的态度常常将它们视为两个完全分离的实体，觉得必须优先考虑其中一个。两者之间的和谐常常不为我们所知，这导致我们感到疏离和不自在。我们在自己的精神或身体中都找不到避难所，因此没有地方可以称之为家。运动对我们作为人类的本质来说至关重要，因为我们的运动方式完全关乎我们的生活方式。这堂课并没有帮助我解决压力和焦虑的原因，它只是将一种行为替换为另一种行为，所有这些都是为了让我保持忙碌。

我们生活在一种"过度"文化中：过度工作、过度社交、过度参与活动、过度饮食、过度饮酒……却没有时间来处理这些事情。所有这些都是为了表面上看似在努力生活。因为我们的感官已被过度刺激，我们似乎只有两种速度：全速前进或精疲力尽。这两种速度都是社会上认可的状态。你认识多少人在工作上将身体推向极限，然后在生活中同样如此？因为保持生产力或忙碌被视为最合理的度过我们的时间的方式。

有时，我们的社会实践似乎也在支持这种文化：有为了提高员工生产力的冥想课程，有为了使精神愉悦的动感单车课程，有为了销售瑜伽服饰和其他小玩意的瑜伽课程，它们试图给我们的生活赋予意义。

但是，如果野心、速度和获取并不是人类仅有的目标呢？如果我们也重视感知、探索、学习、过程、休息、创造、暂停、重置、修复、校准，甚至是充满同情心的存在呢?

回到过去，无论我做什么活动或多少练习，我仍然感到压力和焦虑。瑜伽、跑步和拳击能让我短暂地感到兴奋，但很快又会回到多年来形成的习惯——这些习惯使我能够在周围环境中生存——这就是我感到压力和焦虑的原因。我已经习惯性地期待每周几次的体育课程来改变我的精神和身体，但我真正需要做的是审视我对生活的态度，以及什么影响了这种态度。

在热瑜伽课上的经历唤醒了我，让我渴望找到一种方法，可以在不采用某种"自我提升方案"的情况下改变自己。我尝试了那么多不同的方案，虽然我通常能够坚持一个月甚至一年，但我总是会回到那充满压力和焦虑的习惯中，因为我对它们很熟悉。每个新的方案都需要更多的努力，因为我的大脑必须推动我的身体，然后我的身体就会反抗，循环就会重复。

我的探索让我更多地了解了神经系统，以及它是如何工作的。我深入学习了躯体运动和内在感受，后者是提供关于身体内部状况信息的感觉系统。

我发现现代生活往往会让人忽视内在感受——我当然曾经忽视过，直到那个上瑜伽课的决定性的日子。我们更可能意识到身体感觉，它提供关于身体外部的信息，例如你所处的环境和温度，以及本体感觉（它能提供关于身体的力量、压力和在空间中的位置的信息，使你能够保持平衡、协调和敏捷）。

内在感受专注于内在的感觉，它能让你完全投入并对你所做的事情保持好奇。如果不利用你的内在感受，你最终会用大脑强迫身体去硬撑，而不顾它可能带来的后果。我经常看到客户倾向于将他们的身体感觉与他们的内在感受分开。在我们快节奏的世界中，这是一种熟悉的存在方式，但它也可能成为我们真正与自己的身体建立联系的障碍。

身心分离的概念

身体与心灵的分离从何而来？有许多可能的因素。我们生活在一个重视精神胜过身体的文化中。这可能导致我们相信我们的思想和情感比我们的身体感觉更重要。如果我们经历过创伤，我们可能已经学会了与自己的身体分离，作为一种应对痛苦记忆的方式。如果我们经历过慢性疼痛，我们可能学会了忽略我们的身体感觉，作为一种应对不适的方式。

身心分离的哲学概念起源于法国哲学家勒内·笛卡尔（René Descartes，1596—1650），他认为精神和身体是两种不同的物质，精神是无形的，而身体是有形的。这种身心分离对我们生活的影响可能是深远的。它可能导致我们感到与自己、自己的身体及周围的世界脱节，还可能使我们难以管理疼痛、压力和焦虑。

当我提到"精神"时，我使用的是神经科学家苏珊·格林菲尔德（Susan Greenfield）博士给出的现代定义，她将其描述为"通过你独特的神经连接动态配置，将大脑个性化，而这些连接又是由你独特的经历所驱动的"。简单来说，你大脑的神经通路是由你的生活经历所塑造的，你对现实的理解基于你的生活经历。

一个可能的例子是，你在成长过程中被教导要害怕狗。对你来说，狗代表了恐惧。你可能读过或听说过一些故事来加强你的恐惧，例如，一个关于狗咬孩子的新闻故事；或者你的邻居养了一只特别凶猛的狗，每次你经过，它都会在篱笆后面吠叫。也许你成长的那种文化认为狗是具有攻击性的，你应该优先关注自身安全。现在，当你看到一只狗时，你会想起所有关于它们的信息。你的身体也会对这些信息做出反应——即使你还没有时间思考你的反应，你也会在身体上感受到对狗的恐惧。每次看到狗，你的心跳加速、手心出汗，想要逃跑，因为你的大脑根据你对狗的所有想法做出了反应。你的手握成拳头，喉咙紧绷，呼吸变得急促。这些身体信号告诉大脑你正处于危险之中。这是一种身心整合的观点，它利用你所有的经验，允许快速的身体反应来让你脱离危险。

在上述情景中，我描述的是我自己。我非常害怕狗，但多年来，我的朋友们养了狗，我在家里与它们变得更加熟悉，看到了它们是多么的充满着爱、信任和脆弱。我遇到过一只最可爱的波士顿梗幼犬，它既温柔又友好，我完全被它迷住了——这种可爱的邂逅让我现在拥有了三只波士顿梗犬，它们在我家中享有很高的地位。我用与狗在一起的新的快乐体验取代了我对狗的恐惧体验，这使我能够改变对狗的看法。现在，我不会对他们感到害怕，而是对与它们在一起感到兴奋。

这意味着你的反应基于你的身体感觉和过去的经历。与其说是你的大脑思考该怎么做然后通知你的身体，不如说是你的身体发出信号向上传递。假设你没有处于危险之中，我鼓励你停下来思考你的身体信号实际上意味着什么。回到与狗有关的新情景，我看到一只小而脆弱的小狗，它有着大眼睛和需要关爱的眼神，我微笑着，身体变得柔和了。这表明这只狗没有危险。当你能够调整你的身体反应并对它们感到好奇时，你就可以改变你的情感和思想，并在当下与生活相遇。

我们继承了一种机械式的观点，将我们的身体视为与精神分离的独立实体。这种身心分离的观念也源于 18 世纪通过解剖学对人体的研究。对身体的科学认知——例如识别特定骨头两端连接的特定肌肉，或者仅仅将肠道作为消化器官来检查其功能——有助于我们形象化身体的不同部分。但这个过程无意中促使我们仅仅将身体视为肌肉和骨骼的机器，忽视了完整的人类状况。我们中的许多人对我们的身体感觉感到困惑，因为精神被赋予了最重要的地位，并且总是被认为比身体拥有更多的意识和洞察力。这种机械式的观点忽视了内在感受——我们的大脑如何解读来自身体内部器官、肌肉和组织的信号。这些信号被用来创建身体状态的表征，从而影响我们的思想、情感和行为。

机械式的身体观并未揭示心理、神经系统、器官和肌肉之间的相互作用，以及构成自我的所有身体系统之间的持续沟通。尽管我们仍然普遍认为自己是一个有大脑的身体，但现在我们明白，我们更像是一个有身体的大脑。摆脱对身体的机械式的观点是理解如何深切关爱自己的重要一步。

机械式的呼吸练习

按步骤尝试下面这个呼吸练习。

1. 在开始之前，检查一下你现在的感受。
2. 坐下或躺下，闭上眼睛。
3. 通过鼻子吸气 4 秒，鼓起肚子。
4. 通过鼻子呼气 4 秒，收紧肚子。
5. 重复三次。
6. 现在慢慢睁开眼睛。你感觉如何？有点喘不过气来吗？你能感觉到腹部肌肉的紧张吗？总之，你感到平静吗？可能没有。

身体呼吸练习

现在尝试下面这个练习，关注你的身体感觉或内在感受。

1. 可以躺在地板上，或者坐起来，把你的眼睛闭上。

将注意力集中在你的呼吸上，感受空气通过你的鼻孔进出。

2. 通过鼻子慢慢吸气，数到 4 秒，同时让你的腹部上升。

3. 通过鼻子慢慢呼气，数到 4 秒，让你的腹部下降。

4. 保持这种呼吸节奏。在练习时，想象水母游动的动作，让每一次呼吸都变得更柔和；想象你的肺部在吸气时向肋骨扩张，在呼气时从肋骨收缩。

5. 重复几次，直到你准备睁开眼睛。你现在感觉如何？

第一种练习感觉像是在用你的外部身体进行，这是你多年来积累的习惯。这种练习需要你相当地努力，但感觉并不会特别愉快。结果是你的心理状态可能没有任何变化。

第二种练习感觉更柔和，培养了你对内部身体的意识，减少了肌肉或外部身体的努力。很可能在这之后你会感到更平静。

拥抱内在感受

正如我们所看到的，内在感受是我们对内部身体状态的感知，它显著影响着我们生活的许多领域，如自我调节、心理健康和社会联系。

我们的自我形象——或者我们对自己的认识——是由我们对外部身体、感觉、感官、运动和思想的意识构成的。当我们倾听自己内在的信号时，我们更有可能获得细致入微的意识，这使我们能够辨别、区分、保持好奇心、探索创造力并拥抱新奇事物。我们能更好地解释我们的感受，并在任何情况下做出明智的决策。而当我们忽视这些信号，不顾一切地推进时，我们的思想就不会扩展，我们停留在对自己固有的信念中，这些信念将继续对我们的人生体验产生限制性影响。

传统上认为大脑控制身体去执行其命令的观念可能是错误的。根据我的经验，一个更为准确的观念是将你的身体视为与大脑持续对话的一部分。大脑的工作是通过分配我们的资源来保持我们的生命。它通过接收来自身体的数据流，提供关于我们在任何给定时间状态的实时信息来做到这一点。这种持续的双向对话允许大脑调整你的资源水平，如葡萄糖和水，以保持你在不断变化的环境中良好运作。

你的大脑在不断地预测接下来会发生什么。它这样做是为了维持你身体内部环境的稳定性，即使外部环境在发生变化。内在感受——或者你的大脑对身体感觉的表征——是大脑试图调节你身体内部系统的感官结果。它是一切的核心，从思想到情感，再到决策和自我感觉。

你感受到的是大脑所相信的

神经科学家大卫·马尔（David Marr）在 20 世纪 70 年代首次提出了大脑预测的概念。马尔认为，大脑通过不断地尝试预测接下来会发生什么来理解世界。这个观点被神经科学家莉莎·费德曼·巴瑞特（Lisa Feldman Barrett）普及，她的研究对我的方法是极其重要的，并将帮助你理解为什么"安抚"在改变你的习惯方面如此有效。

你的大脑并不仅仅是对你周围的世界做出反应。它不断地试图预测将要发生的事情，以便能够保持资源分配的平衡。你的身体会向你的大脑发送信号，这些信号你并未有意识地注意到。这些信号告诉大脑你的内部状态，例如你的心率、血压和体温。

在 19 世纪，科学家们认为大脑是一个被动的器官，会对环境刺激做出反应。这种将大脑活动视为对情境的反应的观点得到了实验观察的支持，即大脑的神经元对输入的感觉信号有反应。然而，在 20 世纪初，科学家们意识到大脑不仅仅是一个被动的器官。他们发现，即使在我们没有经历任何外部刺激时，大脑也处于活跃状态。正是这种活跃状态让大脑能够生成关于外部世界的预测。

当你的大脑位于头骨内，无法直接接触外界时，它会根据输入的感觉信号和你的先前经验，创建你的"身体地图"。它预测正在发生的事情，并利用你的感觉信号来确认或完善这些预测，以便及时采取措施保护你的安全和健康。

想象这样一个场景：你在花园里，想要把一个很大的深灰色花盆搬到小路的另一边。这个花盆在颜色、大小和形状上都与花园里的其他花盆（你以前移动过它们，知道它们很重）相似。你弯下腰，准备去搬这个深灰色花盆。然而，当你的手指接触到花盆，甚至在你尝试搬起它之前，你就意识到它是塑料制成的，这意味着它比外观相似的陶瓷花盆轻得多。你的感觉和大脑的预测不一致。如果你已经开始搬动，你将用比实际所需的更大的力气，然后不得不稳住自己。如果你动作稍慢一些，允许所有输入的信号都得到处理，你可能就会在搬起花盆时调整所用的力度。

你的大脑根据先前你在花园中搬其他花盆的经验，对这个深灰色花盆的重量做出了预测。而你输入的感觉信号告诉大脑，这个花盆轻得多，需要少一点的力气就能把它从地上抬起。现在你的大脑必须更新对这个更轻花盆的理解，并重新部署身体在外部世界中的模型。下次你再去搬花盆时，可能就会先用脚轻敲一下，看看它是用什么材料制成的，或者通过观察识别出它是由什么材料制成的。

大脑的预测和输入的感觉信号在相互影响和完善中不断交织。我们的大脑不断地对周围的世界进行预测，这些预测包括我们自己身体的运动。如果我们的大脑仅仅是反应性的，它们将不得不等待来自身体输入的信号，然后才能向肌肉发出运动指令。这既缓慢又低效。通过预测，我们的大脑可以预见到动作的需要，并更快地发出运动指令。

这种发出动作预测的能力对我们的生存至关重要。例如，如果我们看到一条蛇，我们的大脑可以在有意识地思考之前，就发出运动指令来避开它。这种快速反应使我们能够迅速有效地应对威胁。

当被非常简单地解释时，你的大脑中的内在感受网络就像是身体的资源预算区域和主要的内在感受皮层的集合，用来处理输入的感觉信号，以保持你的生命。每次你进行外部或内部的活动时，都会使用一些能量资源。你不必进行物理操作就能使用这些资源。例如，如果你认识的人对你的选择持批判态度，那么下次他们走向你时，你的大脑就会预测你需要能量，并释放皮质醇——这会为你的血液提供葡萄糖，使你的肌肉伸长和收缩，让你能够逃离预感到的不愉快。即使是想到有人会说出批判性的话，也可能会消耗你身体的资源预算。

你周围的人也可能以积极的方式调节你身体的资源预算。当你与伴侣共度时光时，你开始与他的呼吸和心跳同步，减少资源预算区域的激活。你所做的每一件事、思考的每一个问题、想象的每一个场景、看到的每一个事物、听到的每一个声音、触摸到的每一个物体、闻到的每一个气味，以及你与之互动的每一个人，都会对你的身体产生资源预算上的影响。这些外部和内部因素告诉你的大脑关于外部世界的信息，并帮助塑造它。

你可以通过良好的饮食、充足的水分摄入和睡眠来补充你的资源预算。此外，通过与亲人共度时光或做一些愉快的事情，也能减少资源预算的"支出"。理解这种大脑和身体的协同状态是非常重要的。

生活在身心分离的普遍观念中会有什么后果？自从我开始教学以来，我的客户通过他们的下颌和肩膀周围肌肉的紧张、胃部的痉挛，以及无法完全呼吸的情况，向我展示了身体如何记录构成我们生活的事件和习惯。我们的身体是由我们的感受、饮食、休息方式、行为、习惯和环境所塑造的。培养良好的内在感受能力对我们的情绪有着广泛的影响。最近的研究表明，倾听身体内部器官的信号可以让我们更好地调节情绪，并抵御抑郁和焦虑。

内在感受是一个复杂的过程，它是精神和身体之间的桥梁，对生存至关重要。仅凭意志力或理性思考无法长期改变你的身体或心理状态，你必须全面参与——包括倾听你的身体信号。

你的大脑部署你的身体

你的大脑通过一个称为"躯体定位"的过程来部署你的身体。这是大脑中身体感觉和运动信息的组织方式。

躯体感觉皮层是大脑接收身体感觉信息的部分，位于额叶后方的顶叶。躯体感觉皮层被划分为一个身体的映射图，身体的每个部分都由皮层的特定区域来代表。

运动皮层是大脑控制运动的部分。它位于额叶，就在躯体感觉皮层的前方。它也被划分为一个身体的映射图，身体的每个部分都由皮层的特定区域来代表。

大脑的躯体定位具有弹性，它可以根据我们的情况随时间变化。例如，如果我们失去了某部分肢体，大脑可以重新组织躯体感觉皮层，将其他身体部位部署到之前专门用于这部分缺失肢体的区域。

大脑的躯体定位会受到情绪的影响。例如，当我们经历疼痛时，躯体感觉皮层会变得更加活跃。这是因为大脑更加关注身体疼痛的区域。有趣的是，你的身体无法确切地感觉到它在哪里"结束"。你能够感觉到的身体周围的区域被称为"个人空间"。这是一个围绕你身体的空间气泡，由你的感觉定义。

你的感觉——如触觉、本体感觉和视觉——共同作用，创造出你的个人空间。触觉告诉你身体与外界的接触情况，本体感觉告诉你身体各部位的位置和运动情况，视觉则提供关于你周围环境中物体的信息。

个人空间并不是固定不变的。它可以根据你的注意力、情绪和环境而发生变化。例如，如果你戴着帽子，你会在穿过门时自然地低头以免帽子被碰掉——你的个人空间已经扩展到帽子这个物体。如果你处于危险的环境中，你的个人空间可能会缩小，以保护你自身。

你的身体喜欢从地面和墙壁获得反馈，以安抚神经系统。因为这种感觉提供了稳定和安全感。当你感到压力或焦虑时，你的身体会进入一种高度兴奋的状态。这意味着你的心率和呼吸会加快，肌肉会紧张，感官会变得更加敏锐。这是对危险的正常反应，但可能会让你感到不适，并使清晰思考变得困难。来自地面和墙壁的反馈可以通过提供稳定和支持的感觉，来帮助平静神经系统。当我们感觉到自己的身体紧贴在物体表面上时，它会向我们的大脑发送一个信息，即我们是稳定和安全的。这有助于减慢我们的心率和呼吸，放松我们的肌肉，减少我们的焦虑。

案例研究：萨万娜 (Savannah)

我第一次见到萨万娜是她来到我位于伦敦市中心的工作室进行一对一的咨询。她在银行工作，已经到了精疲力尽的地步，出现了一些包括焦虑水平升高、睡眠不稳定和疲劳的状况。她总是往返在全世界不同的时区，一大早就要打开笔记本电脑，十几小时后依然在工作。她的睡眠时间被压缩，工作总是萦绕在她的脑海中。

萨万娜意识到，自己处于精疲力尽的边缘是不健康且不可持续的。她经常感到不知所措、焦虑，甚至有些迷茫。这体现在了她的身体上，她的肩膀总是缩着，身体前倾，这反过来又影响了她的呼吸，使呼吸变得短促。像我的许多客户一样，为了"修复"自己并睡得更好，萨万娜会投身于高强度的健身活动，如动感单车和HIIT（高强度间歇训练）课程。她希望这些高强度的体能课程能让她因疲惫而入睡，但当头一碰到枕头，她就会开始思考金融市场、美元对英镑的汇率，以及第二天早上首先要做的事情。

她的工作是寻找解决方案，所以她以类似的方式对待自己的生活，成了一个能够为其他人解决事情的坚强的人。她希望采取更健康的生活方式，但当她每次尝试时，就会有工作干扰，她没有精力继续那些更健康的好习惯。因此她对自己感到不满，这进一步增加了她在各个方面都想要出类拔萃，努力工作以成为一个更好的人的愿望。

萨万娜已经习惯了用她聪明的头脑解决问题和帮助他人，但她忘记了如何照顾自己。我们开始了一系列一对一的课程，这样我就可以观察她的呼吸模式。她也能够温和地注意到自己的动作以及哪里在紧张。通常，当你将注意力转向自己的身体时，你就能感受到自己的感觉，而这又会反过来改变你的感受。在这个例子中，是为了让她感受自己的呼吸。我向萨万娜展示了她如何能够在日常生活中融入一些简单的策略，以缓解她因工作和生活的压力而产生的身心紧张。她越是能够在白天释放压力的影响，越是能够在晚上放下工作，恢复睡眠能力。萨万娜来找我咨询时，我正在居家工作，因此后来我们一直保持着线上沟通。

经过持续、深度的练习，她成了一个能够照顾自己的人，在高要求的工作中表现出色，并在工作和个人生活之间建立了健康的界限。她开始能够更好地通过身体代谢她的情绪，而不是抑制它们。

现在，萨万娜感到满足，身体和精神都感到轻松。她继续参加我的线上课程，并报名参加每一次静修，因为她明白了照顾自己不是一个短期的行为，深度关怀是一个终身的过程，这将帮助自己发挥全部的潜力。我们大多数人习惯选择展现自己某个特定的方面，通常是闪亮的外在，表明自己掌控着一切，过着丰富多彩的生活——旅行、购物、社交。我们试图压制任何不符合我们想要向世界展示的形象的东西。然而，只有当我们接受自己所有的方面——包括那些不太闪亮的部分，并变得对这些部分更加好奇时——我们才可以停止内心不同部分之间的战争，并能够更好地培养与自己共情的能力。

与自己共情的能力可以使你与他人及环境建立起真实的关系。这意味着你不再为了追求一个理想化的自我而斗争，而是接纳那个更加真实、更具有人性的自我。这听起来难道不是一种更加平和的生活方式吗？

当你得到充分休息时，你才能够以专注的方式引导自己的注意力。但当你筋疲力尽时，你往往会默认依赖那些让自己继续运作的习惯。因为学习如何以不同的方式做事需要付出努力，而当你疲惫不堪时，你将没有精力去质疑或改变。

你的神经系统

我们将在后面的章节中探讨"休息"，目前先让我们以一种全面、多维度的视角来观察人体，学习如何"倾听"。

学习肌肉的拉丁名称固然有用，但我们必须深入术语层面之下，去感受你身体内部错综复杂的关系，更深入地理解这个动态、复杂、多维、相互联系且深奥的有机体。

理解你的身体是一个怎样的有机体至关重要，尤其是当你想知道如何安抚你的神经系统并更好地生活在当下时。如果你不理解自己身体内的所有系统之间的相互联系，你将永远处于思想和身体的拉锯战中，这正是让你感到疲惫和沮丧的原因。

让我们深入探讨。

身体内各系统之间的相互联系从受精卵阶段就开始了。这种联系在胚胎中发展，并贯穿整个生命。我的工作的重要部分是教育客户了解他们的身体，以及如何与他们的精神互动——这意味着要理解自己作为一个整体，所有部分都在协同工作。

我帮助过的那些有神经系统调节问题的人，他们的症状可能是焦虑、感觉压力过大或失眠，甚至其中一些人正在经历疼痛或试图从心灵深处的创伤事件中走出来。我会多次提到神经系统，所以让我们明确一下我所说的神经系统究竟是什么。

神经系统包括大脑、脊髓，以及连接到所有的器官并从器官返回到大脑和脊髓的神经。神经系统是一个持续的通信循环体系。曾经我们认为是大脑驱动身体，但事实证明，从身体传递到大脑的信息比从大脑传递到身体的信息更多，或者说，自下而上的信息传递比自上而下的信息传递更多。

神经系统传统上被描述为两个部分：中枢神经系统，即大脑和脊髓；以及周围神经系统，即延伸到身体各部分的神经。周围神经系统又分为躯体神经系统和自主神经系统。

躯体神经系统与你能够控制的肌肉有关，它包括遍布全身的神经，这些神经传递来自感官的信息，包括声音和触觉。自主神经系统是连接大脑和内部器官的神经系统部分。它可以进一步分为下面三个分支。

• 交感神经系统：有时被称为应激反应系统。我发现这是一个带有情感色彩的术语。我更倾向于将其视为你的唤醒系统或神经系统中的"行动"部分。它可以激活身体,为你的行动做好准备。这个系统负责你身体的"战斗—逃跑—冻结"反应。

- **副交感神经系统** 自主神经系统的这一部分负责"休息、恢复和消化"的身体过程。它是可以抵消唤醒系统的制动系统。我更倾向于将其视为神经系统的"不行动"部分。

- **肠神经系统**：这是一个沿着肠道排列的神经元网络,是一个尚未被完全理解的复杂系统。它有时被称为"第二大脑",因为它可以在中枢神经系统之外独立运作。神经系统的这一部分负责消化、吸收和免疫,并在情绪调节中扮演重要角色,因为它与大脑的情感中心相连。

你的神经系统调节着你身体的所有其他生理系统,并受到它们的影响。如果神经系统这一系列看似不同的部分让你感到有些困惑,别担心!

关键的收获是,你现在知道了你的神经系统和你的身体状况处于一个持续的通信循环体系中——如果你想要体验可持续的改变,就要关注神经系统,以及你的身体与它之间的通信,还有神经系统给你身体的反馈。这种持续的通信在人类胚胎发育过程中就已经存在。我们接下来探讨这一点。

你的身体是如何形成的

在精子与卵子结合后，细胞开始分裂并在两个充满液体的腔室内形成双层盘状结构。然后，在中央线处发展出第三层，从而形成身体的前层、中层和后层。

- 前层被称为内胚层。它发育成消化系统和呼吸系统、肝脏、胰腺，以及肺的内层。
- 中层被称为中胚层。它发育成循环系统、骨骼系统、肌肉系统、心血管系统和生殖系统。它还可以分化成结缔组织。
- 后层被称为外胚层。它发育成神经系统和皮肤。

每一层都有其独特的特性。内胚层参与营养、吸收和分泌。外胚层能够感知、沟通、反应和做出选择。中胚层将身体各部分连接在一起，形成允许运动的身体，提供支撑，并能够寻找食物和远离危险。

从这一点上，我们可以得出一个重要的结论，那就是这三层都源自相同的组织。它们虽然发展出不同的功能，但它们在你的一生中都是相互联系的。对我来说，这展示了人体从发育开始就是多么得复杂和奇妙。

胚胎中第一个发育的系统是循环系统。这是有道理的，因为循环系统负责将营养物质输送到细胞，并排出废物。胚胎通过向内折叠和卷曲形成了腔室和管道，使得不同的器官和系统得以发育。

人类的胎儿悬浮在某种液体中，并通过脐带与母亲相连。胎儿通过这种连接摄取营养并排除废物。

从胎儿的中心开始，颈部发育并向上延伸至头部，向下延伸至尾骨；上肢随后发育，然后是下肢。随着胎儿的活动，神经系统得到发展，以帮助组织胚胎中发生的各种功能。身体的第一组神经是内耳的前庭神经，它们通过平衡和空间定位来感受环境。运动神经在感觉神经之前发育。运动的反馈对于人类婴儿未来的发展至关重要：身体、感觉、知觉、心理和精神方面的发展。

运动先于感觉反馈，运动是最初的意识。胎儿能够察觉到母亲的运动，母亲的动作反过来又能影响胎儿的运动。胎儿的感觉神经向大脑发出信号，指示运动神经收缩和放松肌肉。这种通过神经系统的通信，是胎儿定义自己与母亲分离的身份的方式。通过器官中的内在感受神经，运动在每个身体细胞中都被检测到——在骨骼、关节、肌肉和结缔组织中。

胎儿与其所处环境之间的这种关系让我们理解了整个身体是如何思考、感知和运动的，理解了它在重力、空间和时间中的位置。了解我们是如何发育的，可以帮助我们理解那些组织我们系统的力量，并在一生中继续使用它。

另一个对理解人体作为一个相互连接的整体至关重要的系统是筋膜系统。筋膜、韧带、肌腱、软骨、骨骼和血液都属于结缔组织。结缔组织是那些在体内支持和连接其他组织和器官的组织。筋膜是一个湿性结缔组织网络，位于皮肤下方，遍布整个身体。它包裹在骨骼、软骨、器官和肌肉周围，但也能贯穿它们。一个直观的比喻是用一种有弹性、多汁的保鲜膜包裹住寿司，这种保鲜膜覆盖在寿司的表面，但也与之交织在一起。想象一下，它是能在其他滑动结构内部滑动的结构。

筋膜是一种连续的结构，从头部贯穿到脚趾，没有中断。筋膜系统富含感觉神经末梢，能够检测力量、运动和压力的变化，并将这些信息传递到身体的其他部位和大脑。整个身体是一个相互连接的有机体，各个部分相互关联，也与整体相关。当你理解这一点时，你将更好地理解运动和触觉对于人类的重要性。触觉不仅仅作用在皮肤上，它将影响你的整个系统，这在自我护理及触觉疗法中都很有用。我们将在后面的章节进一步探讨这一点。

筋膜不仅仅是一种被动的结构，它也是一种活跃的结构，有助于在整个身体中传递力量和信息。即使在我们休息时，筋膜系统也在不断"工作"。

我想进一步分享一个观点，帮助你摆脱对身体机械式的看法。张拉整体性是一种结构原理，是指一个系统通过相互连接的张力网络保持平衡。这个原理可以应用于人体，即身体的骨骼通过肌肉和筋膜的张力固定。骨骼并不是僵硬地相互连接，而是悬挂在软组织的网络中，这使得身体能够在不使骨骼崩溃的情况下移动和弯曲。

脊柱就是一个张拉整体性结构。椎骨通过韧带和肌肉的张力保持在适当的位置，这使得脊柱具有灵活性并能吸收冲击。身体的总体形状由软组织中的张力平衡决定。当身体处于良好的对齐状态时，软组织中的张力是平衡的，这会在身体中创造出一种轻松和轻盈的感觉。

张拉整体性原理提醒我们，我们的身体是一个由相互连接的张力网络维持平衡的复杂系统。当我们理解了这一原理，我们就可以欣赏到身体的美丽和精巧。

恢复性摇晃练习

本章为你提供了大量信息，但实际上，"倾听"的实践是体验性的。这些信息需要你通过一个实践练习来体验。我每天都进行这种练习，并教我的客户将此作为一种简单的方法来获取身体的感觉。用技术术语来说，是在通过你的骨骼抖动，但我喜欢称之为"摇晃"。在居家工作期间，当我的冥想练习被打乱时，这是我的首选练习——此时我的思绪太分散，无法帮助我放松因恐惧而锁定的身体（具体表现为肌肉紧张）。我常在客户的课程中使用这种练习，帮助释放他们的情感负担。我还会在开始运动前使用它，帮助我的神经系统从"行动"过渡到"不行动"，以及在睡觉前使用它来缓解一天的紧张。

它是如何起作用的？摇晃身体可以帮助释放紧张情绪并平复过度兴奋的神经系统。这是因为摇晃提供了深层应力和关节活动，这有助于调节唤醒水平，促进更平衡和平静的状态。摇晃激活了你神经系统中的"不行动"部分，也就是"平静"分支。这与你神经系统中的"行动"部分相反，后者由压力激活，可能导致肌肉紧张、心率和呼吸加快。当你因为努力控制情感而感到紧张和僵硬时，轻微的摇晃动作可以促使身体释放内啡肽，使你进入更平静、更放松的状态，并减少压力事件的影响。摇晃还可以通过向关节输送更多氧气来增强循环，这有助于减少炎症和疼痛。你只需要五到十分钟就可以释放紧张情绪。

让我们在第一次尝试时就感受这种感觉，然后你可以不断尝试，每次都让它变得更柔和。在本书中，我们会多次回到这个练习，相信每次我们都会在运动中增加一层额外的理解。

1. 躺在地板上，如果条件允许，可以在身下铺上瑜伽垫或地毯，以给你的脊柱一个缓冲。让你的双腿伸展出去，手臂放在躯干旁边，不要碰到躯干两侧。

2. 感受你是如何躺在地板上的：你头部的哪个位置接触地板？是正后方的位置，还是稍微偏向左侧或右侧的位置？你的鼻子指向哪里？

3. 现在将你的意识转移到颈部，注意其弯曲的弧度。感受你的颈部如何流畅地连接到肩胛骨之间的脊柱上。感受你的右肩胛骨：它如何躺在地板上？感受你的左肩胛骨：它与地板的接触方式是否不同？

4. 感受你的脊柱如何穿过肋骨，穿过上背部和中背部。现在将你的意识转移到腰椎或下背部。

5. 让你的意识进入骨盆：你的骨盆右侧和地板的接触方式与左侧相例如何？

6. 记录下这一刻的体验，完全按照它本来的样子。

7. 轻轻地将你的脚跟压向地面，直到你的膝盖稍微弯曲，小腿和大腿离开地板。保持这个姿势，开始用脚跟在地板上摇晃，让晃动一直传到你的头后方。

8. 加快速度，用适当的力度找到一个轻松的摇晃动作。一旦找到，调整速度，使其对你来说感觉舒缓。你正在从脚跟到头部摇晃你的身体，让你的整个身体变得松弛，让动作贯穿你的全身。

9. 让动作停止。休息。

10. 感受你的整个身体如何躺在地板上，感受你的骨骼如何休息。与开始时相比，感觉是否不同？地板没有改变，但你与它的关系已经改变了。

11. 再次开始上述动作，然后放松。每次你做上述动作时，让自己调整到什么都不做的感觉上。你放下了什么？你是否感觉到自己更多地与地板接触？

12. 再次将你的意识带到头部、颈部、上背部和中背部，到你的下背部和骨盆：它们与地板的关系是否有所不同？

13. 感受你的呼吸：你在想什么？你感觉如何？你可能感觉到肌肉紧张已经消失。你甚至可能会感觉到你身体的觉醒，让你重新意识到你的整体自我——从你的指尖到你的脚趾。

让这成为你每天的练习——尤其是睡前——重新组织你的神经系统并释放你身体的紧张。

在本章中你学到的内容

- 人体是一个复杂的、相互交织的系统网络。无论你是否意识到，你都与你的整体自我有关系：你可以选择让这种关系变得冲突或能够共情。
- 你的神经系统处于一个持续的通信循环体系中，与身体相互交流。你提供给它的体验将决定你的感觉，以及你如何与他人和环境相处。

- 你的神经系统具有"行动"和"不行动"的部分。在现代生活中，我们倾向于偏爱"行动"部分，但我们同样需要通过强调"不行动"部分来寻求身心的平衡。
- 你的大脑是有预测性的，而不只是反应性的。它的预测基于先前的经验，这些经验通过输入的感觉信号得到确认或修正，形成大脑对你的身体在其环境中的部署。
- 如果你想要改变你的生活，那么你需要考虑这个重要的系统——你的神经系统——并为它提供新的经验。

在接下来的内容中，你将学习不同的感官如何影响你的大脑和神经系统的其他部分。

02

感知

为了改变，人们需要意识到他们的感觉，以及他们的身体如何与周围世界互动。身体的自我意识是释放过去束缚的第一步。

——巴塞尔·范德考克 (Bessel van der Kolk)

你是否曾经在与某人交谈时，没有抬头就感觉到背后有陌生人在偷听？也许你能感觉到他们静止不动，你能想象他们一只耳朵竖起来在听你说话。或者你是否有过这样的感觉，觉得某个你认识的人不诚实，因为他们的行为有些不对劲？你感觉到他们不真实，但却无法用言语描述为什么会有这种感觉。你只是在内心深处有一种天生的直觉，觉得他们在撒谎。

这些有时在我们能够描述之前就体验到的身体感觉——正是我们将在本章中探讨的。在前面的内容中，我们探讨了当你还在子宫中时，感官是如何被磨炼的：如何了解你的环境，区分你与你母亲的界限——通过你的感受、感知，使你能够定义自己与母亲的关系，把自己作为与母亲分离的独立个体。

当你出生时，你仍然是一个未完成的"作品"——你接受的指令是通过你的身体以及你的感官，从周围世界收集的。你学习如何解读母亲的反应，并通过模仿她来做出回应。婴儿对面部表情、语调、姿势、动作节奏，以及即将发生的行为和生理变化都很敏感。你在语言形成之前，在与你的照顾者的关系中形成了你对世界的经验。在这个早期阶段，照顾者如何与你建立协调关系，将深刻影响你学习自我调节的能力，包括你的体温调节、舒适度，以及与他人的社交互动。

如果你的照顾者在你哭泣时立即抱起你，你可能会感到安全。当你长大成人后，你会很自在地向他人展示你的困扰。你可能不会觉得必须总是要装出一副坚强的样子，并且能够展示出你作为一个完整自我的全部面貌。然而，如果你每次哭泣时都被责骂或被忽视，长大后你可能不想表现出任何消极的情感，以防自己不被认可，或者更糟——被忽视。如果你长时间经历逆境，你的大脑将根据你过去的经历预测未来的逆境。

你无法忘记旧事情，但你可以学习新事物。接触新事物将减少旧经验的影响。你可以培养新的经验，这些经验可以滋养你的大脑，扩大你的预测库，使其在未来做出不同的预测。无法倾听你的身体感觉会让你处于一种认知失调的状态，你可能认为你已经把过去的经历抛在脑后，生活在当下；然而，你可能会感到完全不同的情绪。

有能力调整你的感知并做出响应，将使你能够完全地存在于你的身体和精神之中。

案例研究：玛丽（Mary）

我的一个客户，玛丽，来到我这里时感到心碎和自我怀疑。她已经五十多岁，因为离婚，不得不在成年后首次独自生活。

她无法入睡，觉得度过的每一天都很艰难。她经常哭泣或感到愤怒，甚至经常会发现自己喘不过气来，对未来感到焦虑。她紧紧地抱住自己，好像想要蜷缩成一团。为了工作和她十几岁的女儿，她必须保持坚强。女儿也在经历被父亲抛弃的痛苦，因此玛丽还不得不承受女儿痛苦情绪的冲击，并且无人可以倾诉。她在一家不太稳定的企业中担任高级职位，对她来说，保持良好的工作状态很重要，而且从经济角度来看也是必要的。尽管她想要躺在床上——用她的话来说——再也不起来。

我温和地指导玛丽探索她自己身体的紧张模式，并让她对自己的感觉和想法产生好奇心。这种练习的美妙之处在于，你不必谈论你的问题和困扰，也不必尝试用你的大脑去解决问题。你只需让你的身体注意到它的紧张模式，这种意识创造了新的选择——是保持这种模式还是释放它？释放它的感觉如何？一旦你有意地释放它，你会感到更轻松、更开放。你现在知道了一种新的可能性，即如果你不坚持这种紧张模式，你可能会是怎样的。你培养了对何时感到舒适和何时感到不适的意识。虽然这看起来很明显，但我们经常直到疼痛或疲惫得撞墙时才有所感觉。随着时间的推移和练习，这种新意识恢复了你的神经系统的平衡，因为你学会了倾听自己的感受，而不是告诉自己你感觉如何。通过倾听，你学会了全身心地与你的整体自我在一起，不再处于身体和精神之间的持续冲突中。

在我们的课程中，玛丽学会了关注她的呼吸，以改善她的大脑功能，这样她就能在一个更平静、更深思熟虑的状态下做出决策。她慢慢学会了如何释放自己纠结的状态，而这种状态源于她的身体知道她的婚姻出现了问题，但她的大脑却希望事实并非如此。当我在课程中指导她时，我观察到每当她无法将我的指导转化为动作，或者发现某事具有挑战性时，她的手指会卷曲成拳头。她以前从未注意到这一点。

如果你回想起张拉整体性原理，你可能会记得，一个地方的紧张会影响到整个结构。在这个案例中，玛丽身体外部的紧张影响了她的呼吸质量，以及释放肌肉紧张的能力。如果你处于紧张模式，学习新事物会更加困难，因为这些紧张会消耗宝贵的资源。你的大脑只有在不必处理紧张（可能还有危险）时，才能处理新的动作和概念。

通过定期练习，玛丽开始意识到她手指的状态。随着时间的推移，这种新意识帮助她从最初来找我时那个软弱和心碎的人，转变为一个能够度过生活中的动荡事件的人。她提醒自己，她已经克服了很多其他事情，例如：尽管她必须自己支付大学费用，但她还是获得了学位；她女儿的艰难出生；一份要求高的工作。她也从感觉自己不配得到丈夫的爱，转变为对他产生了正当的愤怒。这让她得以真正感受到自己的情感，这些情感激发了她与女儿建立一个全新且不同的生活的动力。

玛丽改变自我形象所做的，只是培养对她当前情况的意识，重新组织，然后根据这些新信息采取行动。这是否让你感到充满希望？改变自我形象比你想象的要简单得多。

调整状态

学会安抚自己首先要学会感受。这从感觉你的身体正在发生什么开始，并将这些感觉转化为来自平静和安全之地的情感。你开始关注身体给你的信号，例如你的颈部是否有紧张感。你也可以发展自己的感知能力，这意味着你变得更加意识到自己的心跳，或者感受在你吸气时空气如何进入你的身体。这种与感觉状态的深度连接使你能够开始更深入地关爱自己。

意识是安抚你神经系统的第一步。你的神经系统如何处理这些感觉或感觉信号呢？如果你的神经系统通过关注你的感觉得到安抚，为什么它不会自动关注它们呢？能够自动倾听你的内部身体信号听起来是个好主意，但如果你注意到了所有的感觉，你将没有空间去做你主动想做的事情。你将没有空间去发挥创造力，去理解复杂的概念，甚至去进行疯狂的冒险。最重要的是，关注内部身体信号很容易变成自我否定和严格自律，那其中的乐趣何在？

然而，有时候能够关注特定的身体感觉（你的内在感受）是有用的，因为这使你能够更加意识到你的身体和情感状态。它可以帮助你就健康和幸福做出更好的决策，并更有效地应对压力。你将能够更好地调节情绪，避免被它们压倒，并在感到压力或不安时做出更好的选择。你将能够避免或预防伤害，因为你会知道何时休息，或者意识到某项活动是危险的并停止它。如果你有长时间工作的习惯，并且发现自己难以打破这种不断用工作来填满时间的循环，那么你将会意识到这一点。

通过意识到身体发出的信号，你可以调整自己的行为，以提高生活质量。例如，如果你感到疲倦，可以休息一下来恢复精力；如果你感到压力很大，可以通过深呼吸来平静自己。如果你因为长时间低头使用笔记本电脑而颈部酸痛，那么是时候改变这个姿势了。如果你因为疲劳而变得易怒，那么可以计划一个更好的睡眠习惯。如果你连续几小时盯着屏幕，眼睛干涩疲劳，那么可以定期进行眼部运动。信号总是存在的，那么为什么我们不倾听并在感觉不适时采取适当的行动呢？是什么驱使我们不停地工作？为什么我们在疲倦时还要熬夜看电影？为什么我们不照顾好自己？

我的客户给出了许多不好好照顾自己的理由。他们常常把自己放在优先列表的底部，因为还有别人需要照顾。他们找到各种方法来分散自己对问题的注意力，以此作为应对压力的手段。他们感到无聊或不安，或者因为面对一项令人生畏的工作而拖延。你还必须记住，短视频和社交媒体都是为了吸引你并让你上瘾，不知不觉中，已经是凌晨了。在一开始，需要巨大的意志力去注意到你的旧习惯并形成新的习惯。

要知道，很多慢性病是从一些小的、未被注意的不适和紧张开始的。因此为了防止这种情况发生，重要的是适时按下"暂停键"并注意自己的感受。考虑自己的感受，如果你感到不适，以适当的行动照顾自己。虽然长时间工作有时是必要的，但一直这样做是不可持续的，并且会对你的长期健康和生活质量产生影响。你不是一台可以无休止地工作数小时、日复一日而不影响健康的机器。倾听你的身体信号将帮助你管理你的精力和健康。

案例研究：莱拉 (Layla)

莱拉是由她的心理治疗师推荐给我的，因为这位心理治疗师不知道该如何继续处理她的问题。莱拉患有躯体症状障碍（SSD），这是一种心理健康问题，患者会经历无法用医疗状况解释的身体症状。这些症状可能会非常严重，常常引起显著的痛苦和焦虑。SSD 被认为由多种因素引起，包括创伤、忽视或冲突。躯体症状也是一种心理过程，允许某人从他们的思想、感觉或记忆中抽离。对于经历过创伤的人来说，这是一种常见的应对机制。

SSD 的症状因人而异，可能包括不是由受伤或医疗状况引起疼痛；手、脚或身体其他部位的麻木；视力模糊或双重视觉；睡眠模式的改变，如睡眠困难或睡眠过多；以及像莱拉的情况一样，发作时会感到心烦、焦虑和筋疲力尽。我们没有谈论她发生了什么——我不需要知道客户不想分享的任何事情。但我可以观察到她处于一种保护性的身体姿态，这种姿态抑制了她的呼吸或运动。如果莱拉被某事吓到，还可能会导致癫痫发作，所以她经常对环境中发生的一切高度警觉。

巴塞尔·范德考克 (Bessel van der Kolk)，一位精神科医生和创伤专家，指出那些无法感受到微妙感觉的创伤患者，往往会因为寻求刺激，被吸引到危险的情况或追求中。他们已经失去了在自己的身体中感到安全和舒适的能力。他解释说，当我们经历创伤时，大脑会进入一种过度唤醒的状态。这意味着我们不断地警惕危险，身体充满了压力激素。因此，我们可能变得对刺激过度敏感，甚至对那些通常不会困扰我们的事情也是如此。随着时间的推移，这种过度唤醒又可能导致我们身体的脱敏。我们可能对身体感觉，例如疼痛和饥饿，变得麻烦。为了感受到某种感觉，经历创伤的人可能会寻找危险的情况或追求。这些活动可以提供一种暂时的兴奋感，但也可能是有害的。

莱拉被剧烈运动所吸引，以看惊悚片作为娱乐，尽管这两者都有可能导致癫痫发作。当我们的课程开始时，我引导她做了一些简单的动作，使她在身体上感到安全和舒适。我们还探讨了她在癫痫即将发作时的感觉。我让她感觉呼吸在身体中的位置，以及肌肉紧张收缩和放松之间的区别。这帮助莱拉扩大了她的"容忍窗口"——一个人可以保持情绪稳定的情感唤醒范围。当我们处于容忍窗口内时，我们能够感受到自己的情绪而不会感到压倒性的失调；当我们处于容忍窗口外时，我们可能会在调节情绪方面遇到困难，导致焦虑、抑郁或愤怒。经历创伤的人的容忍窗口可能比那些没有经历过的人更窄。

在第六次课程后，莱拉已经能够阻止癫痫的发作，因为她能感到癫痫发作前的感觉，例如胸部紧绷和呼吸加快。在最后一次课程中，莱拉在休息时感到更加平静，她有信心能够"读懂"自己的身体，确保癫痫不会发作。她从生活中移除了压力源，因为她现在有了感觉平静的能力。她没有再参加动感单车和山地自行车运动，而是开始练习瑜伽和太极拳，以平静她的神经系统。她学会了一些简单、舒缓的动作，当她感到癫痫发作前的感觉时可以练习。

什么时候倾听你的身体信号是有用的？要回答这个问题，了解大脑的主要任务是有帮助的。如你所知，大脑是神经系统的一部分。大脑的工作是为你的身体分配资源，它需要预测你在执行你的行动时需要多少资源。如果你的身体没有及时得到这些资源，就会付出代价。

你可以参与的最消耗资源的活动是运动和学习新事物。当你没有获得足够的资源来做这些事情时，你的新陈代谢就不会像它原本那样高效。这会导致你的疲劳，你可能不得不减少活动以节省能量。然后，当你的活动减少时，你可能会经历一些不舒服的感觉，例如肌肉的紧张或酸痛。

由于肌肉因缺乏运动而紧张，你的睡眠将受到影响，这反过来可能会导致你感觉你的问题是无法克服的，因为你太累了。身体和心理的紧张将影响你的日常生活：疲劳的大脑更容易记住负面经历，而忘记积极的一面。你的大脑大约要使用20%的资源。面对任何情况时，大脑采取的一种节能策略是重新组合你过去的经验，以快速计算出这次需要使用多少能量。如果它试图学习你遇到的每一个经历，这可能会耗费你的时间——而你可能会需要这些时间来逃离威胁。你的大脑试图从你的经历中学习，以减少不确定性；它预测接下来会发生什么，并为这个事件分配适当的资源。因为如果它不这样做，可能会有严重的后果，甚至危及生命。思考、观察和感受都是为了保持你的生命和健康。

让我们在这里暂停一下，吸收这些信息，因为对我来说这真是令人震惊。你的大脑根据你的经历不断进行计算，并用来自你身体的感觉信号确认或完善这些经验。你并不是在事件发生的那一刻就直接面对它们，而是通过组装你之前的经历，问自己"这最像什么？"，然后抛出你的反应来应对当前的时刻。这对于你的生存是必需的。然而，如果你想要改变你的反应方式或改变你的行为，那么倾听来自你身体的信号将帮助你打破自动反应。

让我们通过一个例子来理解这个概念。假如小时候你被反复告知你是愚蠢的——也许是你的老师这样告诉你，或者是你的家长。你听得太多了，以至于这成了你的观念，甚至当你犯错时，你也会对自己说这些话。在你成年后，这个关于你自己的观念让你不愿意举手回答问题或在公共场合发言，即使你已不再是个孩子。在工作会议上，一想到没有正确答案，你的脸就会因羞愧而发热，你害怕别人看你；一想到被点名，你的手心就会出汗。尽管你知道你能够做一些有挑战性的事情，但在内心深处，你仍然感觉自己是一个天生就会犯错的孩子。快速运转的思维是你的大脑试图理解你身体中的感觉——你知道自己不再是个孩子——但你的神经系统正在经历你曾经感受到的感觉，这让你感到困惑。

你应该如何解决这个问题？如果你停下来，深呼吸并重新进行评估，就可以接收到你当前的感觉信息。你可以培养对当前感觉的好奇心：它们是否更多地与你的身体不适有关？也许是办公室的暖气太热了；也许你没有睡觉，感到疲倦，这可能是你身体感觉的背后原因。对这些感觉好奇可以避免你认为是自己不够好，无法应对，而产生持续的情感痛苦。

现在，你已经将"不配得感"最小化为一种身体感觉，你可以照顾这种身体上的不适。一旦你这样做了，你就能学会使你的神经系统平静下来。这样，每当有人向你提问时，你就不会感到惊慌。你学会通过向神经系统提供新的经验，来覆盖过去的反应，这给了它更广泛的预测。现在，你的大脑在做出假设时有了更多的选择。

如果你不倾听这些信号会发生什么？你将停留在这种脱节的状态，不断地与过度思考的大脑和持续紧张导致疲惫的身体作斗争。而现在，有了一种不同的生活方式，它从培养与自己更能共情的关系开始。

你的身体向你的神经系统发送感觉信号——你也可以将这些感觉称为"内在感受"——它们被解释为你的情绪。你的情绪会影响你的思想，你的思想会影响你的行动，随着时间的推移，你的行动会成为你的行为。从这一点上，你可以看到为什么打破大脑的预测模式很重要，而你可以通过"具身认知"或"身体意识"来做到这一点。

在实际情况中，这如何体现？我曾经讨厌对着镜头讲话，因为我总是注意到那些看起来不对的地方。我会做滑稽的鬼脸，我用"那么……"开始我的句子，我看起来很疲倦，我不想被评判和批评。有趣的是，我可以轻松地站在数百人面前教学。但谈论我所做的事情，而不是仅仅去做，在过去每次都会引发我的存在危机。

行为

↑

行动

↑

思想

↑

情绪

↑

感觉

感觉信号流

录制视频是我的营销工作的重要组成部分，所以我决定将情感因素排除在外。我深呼吸，安抚我的身体，有意识地决定不再与其他人作比较，只是专注于自己的工作。我确保我的设备设置让我在身体上感到舒适——摄像机必须保持适当的距离，不要太靠近我的脸。我更喜欢站着说话，这样可以让身体的动作自然流畅。

我一遍又一遍地拍摄自己，并回看这些视频，以了解在角度、穿着、摄像机位置等方面哪些做法更好，哪些做法无效。我还告诉自己，作为一个普通人展示自己比展示一个完美、理想化的自己更重要，因为那样与我所教授的内容不符。一旦我意识到我需要在身体上感到舒适，并将这一点作为我的优先事项，对着镜头讲话就不再让我感到焦虑了。

下面让我们来深入学习感官，以了解从身体到大脑的信息来源，以及如何解释它们。有些感官你可能很熟悉，但可能有些你还不太了解。

视觉

当考虑你的视觉系统时，你可能会想到通过眼睛看世界。然而，视觉系统不仅仅是看到东西那么简单。这个系统会发出信号，告诉我们现在是白天还是夜晚，这对大脑和身体的其他系统至关重要。视觉系统还控制着你的情绪、警觉程度、睡眠和食欲。它几乎占据了你大脑空间的一半，这意味着它对你的身体其他部分有着深远的影响。

我们的眼睛是中枢神经系统的一部分。当我们在子宫里发育时，大脑有两部分被推出头骨，形成了眼睛。所以实际上眼睛是我们大脑的一部分，但位于头骨之外。

眼睛的工作是收集光线信息，并通过视网膜将其发送到大脑的其他部分。这些是眼睛将光线转化为神经信号的过程。你可能还记得学校生物课上的知识：你有视杆细胞，帮助你在黄昏和单色情况下看东西，以及视锥细胞，让你在白天看到红、蓝、黄的彩色组合。光信号可以被转化为电信号，然后通过其他专门的细胞发送到大脑。

通过闪电般的计算，你所看到的并不是你直接能看到的，而是基于大脑接收到的电信号所做出的最佳猜测。想象一下，你正在看一朵红花：对反射自红花的光线反应最好的感光细胞使你能够感知到它是红色的。这是通过比较从花上反射出的红色与周围黄色和蓝色的光线来实现的。光信号被转化为你的神经系统能够理解的电信号。正是这些信号的比较，让你能够理解花的颜色。

但你的大脑通过快速计算来理解世界的并不仅限于颜色。大脑还会基于你对环境的视觉印象做出猜测。例如，进入眼睛的信息是二维的，所以大脑必须计算出世界的深度，它利用你通过生活学习到的经验来做到这一点。当你看远处的建筑物时，它相对于你附近的建筑物看起来更小——你的大脑会根据你的经验为你进行计算，让你明白你是在看一个远处的建筑物，而不是一个微型房子。

除了视物之外，视觉系统还会告知你的大脑和身体现在是白天还是夜晚。你是否感到困倦或清醒，你的疼痛阈值，你的新陈代谢有多快——所有这些都与时间有关，基于地球相对于太阳的位置。

然而，我们越来越多地将时间花费在看屏幕上，而不是向外看或看向远方。英国成年人平均每年花费 4866 小时盯着屏幕——无论是手机、笔记本电脑、游戏设备还是电视。能够随身携带屏幕，无论走到哪里都能使用，这是一个相对较新的现象。现在你可以在邮局排队时购买东西，或者躺在床上阅读关于世界另一端的新闻。对于你的眼睛，甚至你的大脑来说，似乎没有喘息的机会。

盯着像手机这样在你眼前的东西看，对你的眼睛有什么影响，它又是如何影响你的身体系统的？事实证明，这种影响相当令人惊讶。

眼睛的晶状体使你能够聚焦于不同距离的物体。在一个叫作调节的过程中，你的晶状体会根据你所看的东西和你之间的距离，动态地变厚或变薄。这种运动还会影响眼睛中控制晶状体的肌肉。当晶状体失去"弹性"时，你的近距离视力会受到影响。但这还不是全部。你的眼睛聚焦的地方也是你的注意力所在，这将影响你的精神警觉性。抑制眼睛的运动——保持晶状体固定——会消耗能量，这也是整天坐在屏幕前会让你感到疲劳的原因之一。健康的瞳孔在你看远处的东西时会扩张，在你看近处的东西时会收缩。

大部分时间在室内度过，并且专注于你眼前的物体对你的眼睛是有害的。这会塑造眼睛的神经回路，使其保持固定。同时，如果在一天内缺乏阳光的照射，也会影响身体系统的唤醒过程。放松视觉系统的最好方法之一就是远眺，我经常实践并将其推荐给我的客户。

作为人类，我们在户外进化，然而现代的生活方式要求我们白天待在室内——通常是在较低的光照水平下。然后我们再通过人工光源和设备，将白天的时间"延长"。这种生活方式的改变是儿童近视率上升的主要原因之一。看起来，我们的生活方式并不利于最佳的生活。最近的研究显示，每天至少接受两小时的日光照射可以降低近视的发生概率。理解你的身体系统怎样才能良好运作，将促使你养成有助于保持健康的日常习惯。

视觉练习

尝试这些简单的技巧。

1. 每三十分钟从电脑前离开一下，要么出去走走，要么打开窗户远眺。全景视野可以让眼睛放松。

2. 重新训练你的眼睛去看不同深度的物体也很重要。尝试这种远近视力练习：在室外，举起一根手指，伸直手臂，眼睛聚焦在手指上。慢慢地将手指向自己移动，让你的眼睛一直聚焦在它上面，直到你的双眼快要"交叉"看向中间。然后移动手指远离自己，并在它远离时继续聚焦。重复这个动作几次。这将有助于近视的改善。

嗅觉

你的嗅觉是最早发展起来的感官之一，甚至在视觉和听觉之前。你的鼻子是呼吸系统的一部分，负责嗅觉。当你嗅闻某物时，气味将以化学物质的形式进入你的鼻子，并被你大脑中的特定受体捕获。你的大脑拥有约四千万个不同的嗅觉受体神经元。嗅球是位于口腔顶部的神经元集合，这些神经元从头骨延伸到鼻孔，并对不同的气味做出反应。气味被直接传送到你的大脑。

气味与你的求生本能紧密相连。当你闻到火灾的气味时，你需要立即采取行动，要么逃离，要么灭火。当你察觉到食物腐烂的气味时，你会知道不应该食用它，因为它会让你生病。这些气味被直接传送到大脑中负责恐惧和检测威胁的部分，即杏仁核。

也有一些气味会让你想要靠近它们——想想当你闻到巧克力或新鲜出炉的面包时的感觉。有些气味还与你的联想有关，例如你祖母使用的茉莉花香水可能会让你每次闻到茉莉花的香味时，总是勾起对她的记忆。我们也能通过气味感知自己的界限，例如家中的气味、伴侣和家人的气味，以及我们所吃的食物的香味。我们还能够察觉周围环境中的陌生气味，例如有陌生人来过家里，或者有不熟悉的东西被送进屋里。我的丈夫会在我们一起外出时使用一种含有沉香成分的须后水。每当我闻到它，脸上就会不自觉地露出微笑，因为这意味着我们要出去享受美好时光了。

嗅闻和吸气对于你获取信息和保持记忆的方式有积极的影响。

当你吸气时，你提高了大脑的警觉性和注意力。吸气是大脑集中注意力的信号，能够唤醒大脑。嗅闻作为一种动作，对于集中注意力和保持记忆有着强大的效果。有趣的是，通过鼻子呼吸的人比通过嘴巴呼吸的人，或者鼻子和嘴巴混合呼吸的人的学习效果更好。如果你通过鼻子呼吸没有问题，那么训练自己这样做将对你的健康产生积极且直接的效果。

嗅觉练习

1. 找一些你喜欢闻的东西。可以是你最喜欢的香水、精油、香料或水果。

2. 找一个安静的地方，确保你不会被打扰。

3. 舒适地坐下，闭上眼睛。深呼一口气，然后轻轻地吸气，并将物品放在鼻子下方轻轻嗅闻。注意鼻子和喉咙的感觉。注意脸上的皮肤和脖子后方的毛发的感觉。

4. 你还能在哪些地方"感受到"这种气味？它唤起了你的哪些情感或记忆？

5. 将物品从鼻子前拿开，保持这种感觉呼吸几次。完成后，慢慢睁开眼睛。

味觉

味觉远不止由舌头上的味蕾所产生。味觉是食物的外观、气味、味道及口感的结合。你会期待一根生胡萝卜有脆感和甜味，如果没有，你可能会认为它变质了。你的舌头能够尝出甜味、酸味、咸味、苦味和鲜味（例如肉汤的味道）。你的味蕾沿着舌头分布，其中甜味受体对糖分有反应，而咸味受体对盐分有反应。你的味觉神经元位于舌头的表面下，并可在一周内更新。味觉神经从舌头延伸到大脑中被称为岛叶皮质的区域，这个区域是感觉、情感、动机、社交和认知系统的中心，味觉在这里被组织起来。你能够在短短100毫秒内识别出味道。甜味代表快速的能量来源，咸味代表钠，而苦味常常代表食物变质。

此外，味觉受体不仅存在于你的舌头上，你的肠道、消化系统中也有味觉受体。如果你还记得前面的内容，我们了解到早期胚胎形成的三层结构产生了你的细胞和组织。内胚层产生了消化系统、呼吸系统，中胚层产生了肌肉、骨骼、血液及循环系统。进食和品尝美味时常常带有感官元素，那么在组织本身中是否存在一种记忆关系呢？那些能将精神和身体视为一个整体系统的人可能会认为其中确实有一定的道理。

遗传会影响你的味觉感知，环境也会。你对味道的感知与我的感知是不同的。嗅觉或味觉的敏锐程度通常是大脑健康状况的一个好指标。味蕾的寿命很短，几天内就会更新。而随着年龄的增长，这一过程会减慢，所以你可能会发现自己需要添加更多的糖或盐来获得相同的味道。

味觉练习

1. 收集一些你喜欢吃的食物，选择几种不同的味道。

2. 闭上眼睛，深呼吸几次。

3. 将第一种食物拿到鼻子前，轻轻闻一下。你的嘴里发生了什么变化？将一小块这种食物放在舌头上。专注于食物停留在舌头上时口腔中的感觉。

4. 感受食物的质地：它是光滑的、粗糙的、尖刺的、黏糊的，还是入口即化的？当你咬下去时，质地又是怎样的？

5. 一旦你吞下食物，注意食物的余味：它让你感觉如何？

6. 在尝试下一种味道之前，喝一些水来清洁你的味蕾。注意食物的不同风味，例如它的甜味、酸味、咸味、苦味或鲜味。同时注意食物的不同气味，因为它们也会影响你的味觉感知。

7. 品尝完食物后，睁开眼睛，思考不同的感觉和风味是如何影响你的感受的。

听觉

你的听觉能力需要你的耳朵和大脑共同作用。耳朵接收声音，大脑理解声音。耳朵是一个复杂的器官，负责听觉和平衡。它分为三个部分：外耳、中耳和内耳。

外耳负责收集声波并将其引导至耳道。耳道是一个通向鼓膜的狭窄管道。鼓膜是一层薄膜，当声波撞击它时会振动。

中耳负责放大声波并将其传递给内耳。中耳包含三块微小的骨头，称为锤骨、砧骨和镫骨。这些骨头相互连接，并与鼓膜相连。当鼓膜振动时，会导致这些骨头也振动。这种放大作用有助于使声音更响亮。你还会在这里找到控制你面部肌肉的神经，以及负责味觉的神经。

内耳负责将声波转换为神经信号，然后发送到大脑。内耳包含一个名为耳蜗的螺旋形器官，它充满了液体并含有微小的毛细胞。当声波撞击耳蜗时，会使液体移动。这种运动会弯曲毛细胞，从而向大脑发送神经信号，大脑随后将这些信号解释为声音。

耳朵还在平衡中发挥作用。内耳包含一个名为前庭系统的结构，负责检测运动和方向。它帮助我们保持平衡，并知道我们在空间中的位置，以及我们是否在空间中移动。

从耳朵到大脑有许多中转点，因为知道声音来自哪个方向——无论远近——对我们的生存至关重要。你的大脑中有神经元计算声音是来自右耳还是左耳。你耳朵的外部结构也为你提供声音是否来自上方的信息。当有持续的噪声时，你内耳中的一块小肌肉会收缩，以保护你的内耳免受损害。

声音的模式，以及它在空间中的位置，是根据声音被哪个耳朵感知来确定的。听觉信号会进入你的大脑皮层，这是负责更高层次规划的区域。你的视觉系统部署到你大脑的区域，你的听觉系统也是如此。听觉皮层位于大脑两侧的颞叶，负责处理听觉信号并理解它。听觉皮层的组织方式反映了声音在现实世界中的组织方式。例如，高频声音在听觉皮层的前部处理，而低频声音在后部处理。

你可以扩展或收缩你的听觉意识，例如你可以屏蔽背景杂音，专注于你身边的人。类似于全景视野，你也可以扩展或限制周围的声音。利用这个注意力系统，你可以激活神经可塑性，即成人大脑改变、重新组织或生长神经网络的能力。

你的平衡感和空间意识受到你的前庭系统的影响和调节。前庭系统由三个相互垂直排列的半规管组成，以及两个检测线性加速度、重力和倾斜运动的耳石器官。

你的前庭系统与视觉系统紧密合作，告诉你关于空间和位置的信息。你的前庭系统告诉你的视觉系统应该看向哪里，同时你的视觉系统告诉你的前庭系统你处于哪个方位，以及你相对于环境的运动方向。

因为我们大部分时间都是坐着或保持一个姿势，我们的平衡能力受到了巨大的影响。你可能听说过单脚站立可以改善你的身体和大脑之间的沟通。当你单脚站立时，你会接收来自你的视觉系统、前庭系统，以及肌肉、关节和肌腱中的本体感觉系统的信号。摇晃和重新校准这些系统是连接你的骨骼、关节、肌肉、皮肤、眼睛和耳朵，使其协同工作的好方法。你的本体感觉传感器与大脑和运动神经处于一个反馈循环中，以保持你在重力环境中的平衡。

对于你的前庭系统和视觉系统来说，倾斜及不稳定的表面都是对平衡能力的极大考验。

听觉练习

1. 坐在地板上，双脚平放。

2. 闭上眼睛，通过鼻子进行呼吸。

3. "打开"耳朵，就当它们是麦克风一样，让所有的声音飘进来。

4. 开始关注你周围环境中的声音：散热器里的水流声、楼道里的嘈杂声、外面鸟儿的叫声、敲打窗户的雨滴声等。

5. 开始用你的耳朵去听最远的声音。然后慢慢地调整你的耳朵去听稍近一点的声音。继续这样做，直到你听到最近的声音。在转向下一个声音之前，在每个声音上停留几次呼吸的时间。

6. 让一切声音都消失。

7. 现在，从最近的声音开始，将你的意识延伸到最远的声音。在转向下一个声音之前，在每个声音上停留几次呼吸的时间。

8. 再次将你的注意力从最远的声音转向最近的声音。然后让声音消失。

9.进行几次呼吸。完成后，慢慢睁开眼睛，注意你的感受。

触觉

你的触觉和情绪状态之间存在着深刻的生物学联系。触觉交流涉及一个复杂的系统，由皮肤处理。皮肤由数十亿个神经细胞组成。这些细胞将信号发送到大脑中被称为体感皮层的区域，这个区域对触觉信号进行解读：这是一种友好的触摸吗？它是慢还是快？温度和压力如何？它是向你靠近还是远离？

皮肤上的神经元对特定刺激（如压力）做出反应，并将这些刺激作为电信号，通过脊髓发送到体感皮层。体感皮层负责处理关于触觉、压力、温度和疼痛的信号。它的组织方式反映了身体不同部位的相对敏感性。身体最敏感的部位——如手、指尖、嘴唇、舌头、鼻子、眼睛和脚——在体感皮层中的表征区域比身体较不敏感的部位（如背部和手臂）要大得多。这是因为大脑有更多神经元专门处理来自身体更敏感部位的信号，这使我们能够对这些部分有更详细和准确的感知。

你的大脑解释来自触觉神经的信号，并通过你的运动神经发出冲动，让你能够采取适当的行动。作为提醒，你的大脑通过预期、焦虑和对正在发生事情的解释来对感觉信号进行情境化，这驱动了你对正在发生事情的感知。

友好的触摸已被证明可以减轻压力的影响——在亲人经历紧张的情境时握住他们的手，可以降低他们的压力反应。在另一项研究中，接受持续五到十天、每天三次、每次十五分钟的触摸疗法的早产儿，比接受标准治疗的早产儿体重增加了47%。

你是否还记得小时候如何安抚自己？也许因为你的母亲曾经在你发脾气时摇晃你，你学会了自己摇晃自己以达到更平静的状态。我们小时候用来安抚自己的方式，长大了仍然可以使用，因为我们的神经系统结构没有变化。不同的是，在生活的过程中，我们的神经系统增加了生活经验的层次，使我们保持着更高度警觉的状态。

触觉练习

1. 通过摩擦使双手变暖。闭上眼睛。

2. 将一只手放在胸骨的顶部，向下抚摸到胸骨的底部，

同时让另一只手从胸骨的顶部抚摸到底部，这样你总
是有一只手在胸骨上：就像你在用双手抚摸一只猫。

3. 注意手和胸骨上的感觉。让你的呼吸保持均匀。

4. 这样做几次后停止，保持眼睛闭合，注意自己的感受。

本体感觉

你有没有想过，你是如何知道你的手臂在哪里，而不用去看
它？或者你是如何知道你在空间中的位置，而不必四处张望？
这一切都归功于本体感觉，即使用肌肉、皮肤和关节中的微
小传感器来感知你的身体在空间中的位置的能力。

本体感受器是专门的感官受体，它们向大脑发送关于身体部
位的位置、运动和张力的信号。这些信号帮助你保持平衡、
协调运动和感知身体在空间中的位置。

本体感觉是一个复杂的过程，涉及从多个来源整合信号，包
括本体感受器、视觉系统和前庭系统（来自内耳）。它对许
多活动至关重要，例如走路、跑步和跳舞等。它对日常生活
也很重要，例如穿衣和吃饭。本体感觉可能受到多种因素的
影响，包括受伤和疾病，以及年龄的增长。当本体感觉受损时，

可能会导致平衡、协调和运动方面的问题。本体感觉是我们整体自我感知的重要组成部分，使我们能够安全、自信地在世界中移动。

本体感觉练习

1. 要感受你的本体感觉在起作用，先要来到站立位置。抬起一条腿，用支撑腿保持平衡，允许膝盖轻微弯曲。

2. 让支撑腿的脚趾伸展，不要蜷缩起来。轻轻将你的拇趾、小趾和脚跟中心压向地面。大多数人应该能够做到这一点。

3. 注意感受你的臀部、膝盖、脚踝和脚骨上的感觉。你能感觉到为了保持单腿平衡所付出的努力吗？

4. 现在闭上你的眼睛。大多数人在这个时候会晃动并失去平衡。如果你能保持平衡十秒，那就做得很好。如果你在闭眼的情况下仍能保持平衡，你是否注意到你的整个身体为了保持平衡而需要付出更多的努力？

保持平衡并不意味着僵硬。找到平衡需要大脑创造新的神经连接。这是因为平衡是一项复杂的技能，它整合了来自各种感官系统的信号，例如前庭系统、视觉系统和本体感觉系统。

当你去掉其中一个系统——你的视觉感知时，其他系统就必须更加努力地工作。

在你找到平衡的过程中，你的大脑不断调整你的动作，并移动你的身体以保持直立。这个过程涉及在大脑的不同部分之间创造新的神经连接。随着时间的推移，这些连接会变得更加稳固和高效，使你更容易保持平衡。此外，平衡训练还可以增强你的认知功能。集中注意力和快速决策可以改善你的记忆，提高处理速度和解决问题的能力。

如果你感到不稳定，不要担心。记住，努力找到平衡可以训练你的大脑创造新的神经连接。

内在感受

这种感知对我的工作至关重要，并且引起了我的强烈兴趣。因为培养它可以帮助我们调节情绪，而且它受到所有其他感官的影响。

提醒一下，内在感受是你的大脑对身体感觉的表征。大脑的任务是通过预测身体的需求，并在我们意识到之前提供资源，来调节内部系统。内在感受是情绪、思想、自我形象等一切事情的核心。

我在这一章中已经多次提到这种感知，并且会在其他地方继续讨论，所以这里就不再展开。这本书中的每一个练习和实践都是内在感受的探索，你可以从书中众多的内容中自行选择。

在本章中你学到的内容

- 眼睛可以指明白天或夜晚，影响所有其他系统醒来或休息。
- 眼睛还影响你的注意力集中，并且晶状体会根据你注视的对象动态调整。
- 你的味觉和嗅觉是相互交织的。
- 本体感觉是许多感官的整合。
- 内在感受——你感知来自身体内部信号的能力——可以调节你的情绪，并减少焦虑和压力水平。
- 全面地体验你的感知，将培养你与自己之间更有意义的关系。

在接下来的内容中，我们将探讨呼吸。呼吸是直接连接大脑的开关，所以如果你想改变你的想法，首先改变你的呼吸。我们将探讨如何解锁你的呼吸模式，以感到平静和有条理。

0 3

呼吸

呼吸是身体与宇宙之间的桥梁。

——一行禅师（Thich Nhat Hanh）

你有没有停下来思考过你的呼吸？这是一个奇怪的问题，不是吗？呼吸是你出生时作为独立个体做的第一件事，也是你离开这个世界之前做的最后一件事。然而，我们很少停下来思考我们是如何呼吸的。你现在是如何呼吸的？当你的眼睛盯着页面上的文字时，你有没有屏住呼吸？你是否无意中收紧肚子，只把气息吸进胸部？你知道你为什么呼吸吗？或者你一生中会呼吸多少次？

一呼一吸算作一次呼吸，我们平均每分钟呼吸 12 到 20 次，通常一天会呼吸约 23000 次。在某些文化中，人们认为一生中呼吸的次数是有限的，这让我想让每一次呼吸都有意义。

我以为我已经对呼吸了如指掌，因为我在多年的各种训练中已经知道了呼吸的重要性。我学习和教授过调息法——这是一个瑜伽术语。我学习过很多瑜伽课程，以及高级运动解剖学、普拉提和私人教练课程。我学习过冥想，并参加过许多身心训练。

然而，直到我创立了"The Human Method"——"安抚计划"是其一部分——我的呼吸仍然是与我的动作分开的。我倾向于用呼吸来压制我脑海中嘈杂的声音，但我只在感到压力或无法入睡时才关注我的呼吸。我与冥想和呼吸之间有一种推拉关系，就好像我在表面上假装做某事，但内心却是混乱和不信任的。我有长期的冥想习惯，但最终结果来之不易，且并不总是有保证的。而我期望通过冥想获得的，正是均匀呼吸带来的平静。

在瑜伽课堂上，常常很吵闹，似乎与呼吸中的身体并不协调。在普拉提课程中，你被鼓励通过嘴巴呼气和吸气，并从外向内拉紧你的腹部。在健身房里，你被教导在用力时通过嘴巴呼气，这一切都显得很机械，像是一种与动作脱节的独立练习。你的呼吸质量是你心理状态的一个窗口。然而，我经常在那些声称促进身心整合的练习中看到这种身心斗争。尽管我在思想上理解呼吸的好处，但我并没有从我的生活体验中理解它——从我的身体感觉上理解。

冥想被描绘为终极的精神安抚良药，但如果你没有意识到自己在一天中呼吸的变化，尤其是如何影响对发生在你身上的事情的反应——更重要的是，你如何感知这些变化——那么维持冥想练习将会很困难。你的呼吸方式是心理混乱的一个指标，你需要关注它。在我多年的教学和个人实践中，我发现呼吸练习是开始冥想练习时最易于接触的地方。你的呼吸方式会立即影响你的感受和思维。

当开始居家办公时，我的冥想练习瞬间中断。由于所有的不确定性，我自然处于一种高度焦虑的状态，就像生活在一部灾难电影中。所有能帮助我们调节神经系统的事物瞬间被剥夺。外出超过一小时被禁止，与朋友和家人聚会、与同事进行随意交谈、与陌生人互动都不再可能。这是一种情感的压倒性体验，伴随着一种潜在的不安。

我没有通过冥想练习安抚紧张的神经，而是花了很多时间在地板上，摇晃和呼吸。尽管我尽了最大努力，我还是发现自己会不自觉地看手机，查看社交媒体和新闻更新。每次听到让我感到焦虑和恐惧的事情时，我会通过摇晃来释放它们，这让我能够放松紧张的肌肉，从而使我的身体能够适应我的呼吸。

一旦你开始培养有意识且更慢的呼吸，变化将是立竿见影的，这使它变得非常有吸引力。有意识地吸气和呼气是一个容易融入你日常生活的练习。当你更好地理解你的呼吸，以及如何减慢你的呼吸节奏时，冥想练习变得更容易培养，因为你已经安抚了你的神经系统。

我的客户范围从运动员到时间紧迫的商人，再到那些患有退行性疾病如帕金森病的人。无论他们的身体能力如何，我教他们的第一项练习就是有意识地呼吸。有意识地呼吸是第一步。你的呼吸方式会影响你的感受。

案例研究：菲利普（Phillip）

我有一个长期的客户叫菲利普，他在过去几年中得了帕金森病。帕金森病是一种退行性的神经系统疾病，影响协调和运动。菲利普是一位非常成功的商人，但他自己承认他是一个缺乏自我意识的人。他无法表达自己情感的范围，也不理解自己情感的细微差别。我经常问他的状态是否与在开始和我进行课程之前有所不同。他通常有四种反应：是的、不确定、放松和紧张。但让人感到耳目一新的是，他经常质疑我为什么要让他做某些事情。当客户在你给他们做指导时问你"为什么？"，没有什么比这更能提升你的教学水平了。菲利普问我的一个问题是："我活着，这意味着我在呼吸，那我为什么还需要关注我的呼吸？"

这是个很好的问题。

你为什么要呼吸

呼吸是本能的——没有它你就无法生存。你可以在没有食物的情况下活大约三周，在没有水的情况下活三天，但在没有氧气的情况下只能活三分钟。你身体的每一个部分都需要氧气才能生存。

你的身体的每一个功能，从思考到消化再到运动，都需要氧气。当这些新陈代谢过程发生时，二氧化碳是产生的废物。首先，你通过吸气吸入氧气；然后，氧气被输送到红细胞并被携带到全身；最后，你通过呼气排出二氧化碳。你的血液有一个最佳的 pH 水平——这定义了血液是更偏酸性还是碱性——为了维持 pH 水平，你需要排除废物。

你的神经系统通过你体内的神经细胞向脑干发送电信号，以指示你血液中的氧气与二氧化碳的比例。你的脑干是大脑连接到脊髓的部分，它负责处理自主功能，这样你就不必去考虑它们。

根据这些信号，你的脑干向参与呼吸的肌肉发出运动指令——你的膈肌（一个位于肺部下方的圆顶形肌肉），以及肋间肌

（肋骨之间的肌肉）。你的膈肌向下收缩，使肺部能够膨胀，导致其内部空气压力降低，这使得外部空气能够涌入。这就是你的吸气过程。

当你呼气时，膈肌、肋骨和肺部恢复到原来的位置，空气从肺部排出。吸入的氧气被转移到你的血液中，而二氧化碳被转移到肺部，准备被排出。这种信号会根据你的活动水平调整你的呼吸频率，以保持血液 pH 的平衡。

所以，呼吸应该是——也确实是——一种本能行为。你的神经系统的设计简单明了，就是通过"行动"或"不行动"来管理你的能量。然而，我们现代生活环境的刺激性极高，与我们祖先所生活的环境截然不同。我们生活中潜在的压力源增多，因此我们的神经系统无法区分需要逃跑的巨响等我们必须应对的信息洪流。此外，我们的生活方式可能更加需要久坐，并消极地接受这些潜在的压力源，而不是像过去那样采取行动来消散它们。这一切都有可能影响我们的呼吸质量，从而影响我们神经系统的平衡。

对大多数人来说，典型的一天可能是下面这样的。

你被手机的闹钟唤醒。你拿起手机关闭闹钟，在你还没来得及思考自己的感受时，一个提醒弹出，提醒你早上的会议。

你查看你的睡眠记录，发现自己晚上醒了三次，这让你感到焦虑，因为你要面对繁忙的一天，而现在就已经感到疲惫。当你经过走廊去洗手间时，你查看新闻：了解到远方某地发生了自然灾害。你在刷牙时心情沉重，为那些你从未见过的人感到悲伤，这种悲伤让你感到无能为力。然后你查看社交账号，发现有人公开对你发表了负面评论，所有人都能看到，你感到非常尴尬。

你一边穿衣服，一边想方设法回复那条评论，试图减轻损害，这意味着你没有时间吃早餐，就要匆忙地去赶公交车。公交车上挤满了人，你被迫挤在一群人旁边，还有人大声播放不合适的音乐，声音大到你都能听到它在你耳朵里回响。你想象着其他人呼出的细菌，这让你感到焦虑。

你到了工作地点，抓起一个羊角面包和一杯咖啡，然后直接走进会议室。一整天都是匆忙和慌乱的，你没有时间出去吃午饭，而是让别人帮你带一个三明治，你在办公桌前狼吞虎咽，眼睛紧盯着屏幕。

你下班的时间比预期更晚，回家后还有事情和家务要做。你的伴侣已经订了外卖：现在谁还有时间在工作日做饭？你倒了一杯酒：在又一个辛苦的工作日后，你值得犒劳一下自己。你一边吃饭一边和家人聊天。安排孩子们上床睡觉耗尽了你的最后一点精力。

晚上你还需要做一些工作，为第二天一早的会议做准备。最后，你决定看一会儿电视来帮助你放松。不知不觉中，尽管你有意控制，但还是过了午夜才上床睡觉。你很快就睡着了，但在夜间醒来几次，重新入睡需要一段时间。当闹钟响起时，你感到筋疲力尽，对即将到来的一天感到焦虑。

这个场景中的有些部分听起来是否熟悉？

当你看到典型的一天以这种方式展现时，很明显，这一天没有休息、没有停顿，没有时间去思考、调整呼吸或放空。一天中的所有这些刺激都有可能使你的神经系统过度紧张。

此外，来自你身体的信号正在提醒你的神经系统，你的肌肉、皮肤、骨骼和器官在大部分时间承受着久坐的压力。你可能没有睡好，或者没有摄入营养多样的新鲜食物，而这些都是你的肠道和大脑正常运作所需的。你可能没有在户外待一会，或者没有让目光柔和地放松，被自然中舒缓的色彩和形状包围。现在，有许多因素在推动你的神经系统进入交感部分，或称为"行动"的部分。如果这种情况持续发生，你的所有系统都将疲于维持基础运作。你只是在勉强生存，而不是充分发挥你的潜力。这让你感到痛苦，对未来感到焦虑和绝望。

我们需要让身体系统从一刻不停的活动中解放出来，以便我们的脑子不总是处于"行动"的状态。这种调节方式将建立一个有韧性的神经系统，使我们能够远离危险，然后重新校准。如果你的神经系统卡在"行动"的状态，会导致持续的压力，长此以往会进一步对你的心理和身体健康造成伤害。慢性压力会引起血压升高和大脑变化，这可能导致焦虑、抑郁和成瘾，以及睡眠问题。

不良姿势和呼吸

在本书中，我们将探讨影响神经系统的所有因素。由于我们在这一章中专注于呼吸，让我们先看看你如何调整你的姿势，以及这如何影响你的呼吸。

当你长时间保持同一姿势时，可能会给内部器官施加压力，包括肺部。肺部应该具有弹性，但长时间的不活动会阻止它们完全膨胀。重力的作用将你的头、肩膀和脊柱向下拉。你的胸部肌肉紧绷，将你拉入前倾姿势，这削弱了背部肌肉，并进一步影响了肺部。这意味着你可能无法充分利用肺部的容量。当这种情况发生时，你的呼吸会变得短促，你需要每分钟进行更多的呼吸，以试图向体内提供更多氧气。

在不良姿势下，你无意中让一些肌肉处于收缩状态，而其他肌肉则处于拉伸状态，以适应这种姿势的保持。你的膈肌无法完全向下收缩或轻松还原，因为你的前肋骨下沉，抑制了骨骼之间肌肉和其他结缔组织的运动。由于你的"姿势塌陷"，心脏必须更加努力地工作。

你的能量现在转移到了补偿这些额外工作以保持你正常运作上，这会从其他功能中分摊能量——这些能量本可以用于消化、恢复、重新校准和修复你的系统，以维持生物学上的适应性。当你在生物学上的适应性良好时，你的所有系统都会以最佳的速度运行，包括你的心理和身体健康，以及你的睡眠、修复、繁殖和适应环境的能力。

思考一下，如果你能够保持一个功能性组织良好的姿势，你的肺部能够占据应有的空间，并且更轻松地扩张和收缩——你的健康水平将会有多么的不同。

案例研究：梅茜（Maisie）

在当前快节奏、始终在线的生活文化中，你可能非常清楚地了解周围环境中和更广阔世界中发生的事件，这要归功于全天候的新闻报道。随着社交媒体的兴起，你更加"无处可逃"。你的休息时间可能会被电影或电视剧填满，这意味着你在短暂的时间中消费了大量的事件、经历、感受和情感。曾经你可能在排队时让自己放空或发呆，现在你更可能利用那段时间去买裙子、预订餐厅或计划假期。

我有一个客户叫梅茜，她生活在极度刺激的环境中。她拥有一台几乎和墙一样大的电视。每当我去看她时，她总是在以最大的音量播放着电影，而且总是惊悚片或悬疑片这种令人不安的电影。但她并没有在观看——电影在背景中播放，声音占据了空间。如果电话响了，她会接电话；同时电视依然震耳欲聋，另一个房间的收音机也开着；她还会试图和我交谈。我在进入她家后的前十分钟里感到过于嘈杂，以至于我必须用上我所有的安抚技巧来保持自己神经系统的稳定。

梅茜从来没有为我们的课程做好准备——她同时进行着许多不同的事情。当她整理她的物品以在地上腾出空间时，她会突然转向另一个话题，向我展示她正在做的某件事或她新买的唱片。梅茜家境富裕，这让她接触到了非常多的干扰。成堆的未开封的高端商场购物袋堆在角落里；她经常出入新开的餐厅，而前一晚穿的衣服和鞋子散落在楼梯扶手或椅子上。她每晚都外出，晚睡晚起。她不喜欢独自在家，会安排即兴的聚会吸引朋友到她家来。

我不得不在我们课程的前二十分钟里哄她逐一关掉每一件科技产品，然后才让她在地板上安顿下来准备开始。到课程结束时，她变得平静。但她发现变得安静和沉默具有挑战性，她讨厌沉默。她告诉我，沉默让她思考。而当梅茜思考事情时，她会被她不想感受的情绪所淹没。

梅茜有一个艰难的童年，并且已经为此进行了几十年的心理治疗。尽管心理治疗在调动她的认知思维（成年、理性化的部分）方面，以及帮助她理解成长过程方面是有用的，但在其他方面收效甚微。梅茜已经陷入了一种保护性的生理状态，这让她一直困在同样的焦虑模式中。如果你还记得前面关于感知的内容，就会知道身体是会影响思想和情绪的。童年的创伤发生在你还无法用语言描述事情的时候，所以你只能用身体来响应。婴幼儿通过他们的整体自我来体验世界，包括他们的思想、身体和感觉——他们不会区分这些部分。当你年幼时发生某件事，你会全身心地体验并储存它。如果你不全身心地参与治疗，你的经历就会卡在身体里，限制你的反应方式。

这个概念是精神病学家和畅销书作者巴塞尔·范德考克（Bessel van der Kolk）提出的。在他的开创性著作《身体从未忘记》中，他探讨了如何帮助人们以一种让他们感到安全的方式活在自己的身体里。他提出，良好的心理治疗有助于患者理解并情境化事件，同时验证他们的反应，这种认可是治愈创伤的重要部分。你的感受源自你的身体。要从发生在你身上的事情中恢复并继续前进，你需要与你的内部感官系统建立深厚的关系。这个观点已经被神经科学家莉莎·费德曼·巴瑞特更新，她认为实际上是你的大脑在记录分数，而你的身体是记分卡。

我发现许多人不喜欢有空间去思考，因为那样他们就会意识到，世界比我们所被灌输的简单观念——通过始终保持积极的态度，你可以让自己快乐，以及那种认为用产品和体验填满你的生活，就能以某种方式挤走让你感到不愉快的东西的观念——更为复杂。

梅茜对她的呼吸模式毫无意识：她的呼吸短促，仅限于胸部；她还经常吸气多而呼气少。一旦她掌握了更规律的呼吸模式，她就能更深入地呼吸。从这一点出发，她可以放松与呼吸相关的肌肉，使呼吸过程变得不费力。我向她展示了如何利用这种意识来转移她的想法，不断将她带回平静和规律的呼吸模式，并让她注意当有不舒服的想法时，身体哪里会感到紧张。梅茜感觉自己经常处于焦虑发作的边缘，但通过平息呼吸，她开始感受到更微妙的情感。

慢慢地，随着时间的推移，梅茜能够注意到不舒服的生理感觉或不舒服的想法，并随着呼吸和一些动作释放它们，使其从她的系统中排出。

2009 年的一项研究结论指出，你的大脑每天处理大约 70000 个想法，并且每天接触相当于大约 34 吉字节的信息，包括文字、图像、广播、电视、视频和广告。随着智能手机从 2007 年开始广泛普及，可以合理假设这个数字现在要高得多。

这种源源不断的信息源对你的神经系统是一种高度刺激，并且会影响你的呼吸方式、你吸入肺部的气量，以及你将氧气有效地输送到细胞的效率。要辨别是什么导致你的情绪困扰，你需要暂停足够长的时间来弄清楚是什么造成了不适。你是否在担心正在发生的事情？如果是这样，试着将自己从造成你困扰的情境中移开。还是说你感到疲惫？你疲惫的大脑会以一种熟悉的方式反应，因为这样可以节省时间。如果你暂停一下，而不是立即反应，给自己一些时间去探究你的情绪，那会怎样？

我们需要找到更好的描述来表达我们的感受

我们的情绪复杂而微妙，往往没有单一的词汇能够准确描述它们。这可能使我们很难向他人传达我们的感受，也让我们难以理解和调节自己的情绪。

使用模糊或不准确的语言来描述我们的情绪，可能会向我们的神经系统发出混淆的信号。这可能导致困惑和失调，表现出焦虑、头痛或胃痛等身体症状。每当有人告诉我他们"还好"时，我脑海中就会想象"疲惫"这些词汇像思维气泡一样在他们头上飘浮。

如果你说你"感到有压力"，但你并不真正知道这意味着什么时，你的神经系统可能会将其解读为一种威胁。这可能会引发反应，导致一系列身体和情绪症状。另一方面，找到更精确的语言来描述你的情绪，并将其与身体感觉联系起来，可以帮助你的神经系统理解正在发生的事情，并做出相应的反应。例如，如果你"对即将进行的演讲感到焦虑"，而且感觉自己"呼吸急促"，你就可以通过更慢地呼吸，将呼吸引导到更深的位置，以及转移你的神经系统的焦点，优先处理手头的具体任务，达到避免陷入警觉状态的目的。

我会使用运动来帮助客户调节情绪，同时为他们提供一个安全和稳定的空间，让他们探索自己的情绪。在课程中，他们将被引导进行一系列的探索性运动，以对自己的身体产生意识。这可以帮助他们识别自己在经历特定情绪时保持紧张的区域。此外，这增强了大脑和身体之间的连接，可以帮助他们更好地意识到自己的情绪，并找到更好的表达方式。

关注你的运动方式会向你的神经系统发送信号，表明你是安全的和放松的。这可以帮助减少神经系统"行动"部分的激活，并激活"不行动"部分，以促进平静和幸福感。

一项研究发现，能够详细描述自己情绪的人能更好地调节情绪并应对压力。这表明，更细致的情绪描述可以帮助我们更好地理解和管理情绪。

在面对困难时，有意识地呼吸将使你能够平静地评估此刻正在经历的事情。改变你做事方式的第一步是注意你现在的"位置"。当你这样做时，你将理解你的身体状态，以及环境中的刺激如何使你的呼吸效率降低。有研究表明，像阿尔茨海默病、心脏病、糖尿病和睡眠障碍等健康问题可能部分是由呼吸不当引起的。

一项新的研究发现，呼吸练习可能会降低患阿尔茨海默病的风险。研究显示，无论是年轻人还是老年人，每天进行 2 次、每次 20 分钟的呼吸练习，持续 4 周，可以降低与阿尔茨海默病相关的蛋白质水平。这项研究的作者表示，这些发现表明呼吸练习可能成为预防阿尔茨海默病的有前景的新的干预措施。他们补充说，虽然需要更多的研究来确认这些发现，但结果依然令人鼓舞。

除了促进放松，慢而深地呼吸还被证明可以促进褪黑素的产生。褪黑素是一种重要的助眠激素，能够促进神经系统的"不行动"部分，并抑制"行动"部分。"不行动"部分与放松和休息相关，而"行动"部分则与警觉和活跃相关。

褪黑素的产生受到身体昼夜节律的调节，而后者是一种控制睡眠-觉醒模式的自然周期。当我们处在黑暗中时，身体会产生更多的褪黑素，帮助我们入睡。慢而深地呼吸可以促进褪黑素的产生，从而可能改善睡眠质量。除了促进睡眠，褪黑素还有许多其他健康益处，包括：减少炎症、增强免疫系统、保护身体免受癌症侵害，以及减缓衰老过程。

当你缓慢而规律地呼吸时，大脑的血液循环得到增强，大脑的功能得到改善。

现在让我们花一些时间来了解使你能够呼吸的结构，以及它们的功能：你越能想象你的肺部结构，以及氧气进出身体的路径，你就越能在脑海中可视化呼吸的过程。

呼吸时的身体

在你通过鼻孔吸气的过程中，空气在经过喉咙后部并进入气管时，会被加热和过滤。随后空气通过支气管到达你的两个肺部。你有一个右肺和一个较狭长的左肺，左肺的形状使它能够为心脏腾出空间。空气进入肺部后，支气管再分支成更小的管道，称为细支气管，细支气管又进一步分支成称为肺泡的气囊。这个结构看起来有点像一棵树：想象你的气管是树干，支气管是树杈，细支气管是树枝，而肺泡是进行光合作用的叶子。

氧气被围绕肺泡的血管吸收，同时二氧化碳被释放。这种气体的交换称为呼吸。氧气通过血管从肺泡进入心脏的左侧，然后被泵送到全身。当氧气被消耗后，血液流入心脏的右侧，然后返回肺部以释放二氧化碳并吸收更多的氧气。由于氧气对维持生命至关重要，你的大脑将优先处理来自肺部的信息。

你的心脏位于两个肺之间，负责将血液泵送到全身。你的膈肌位于肺部下方、肝脏和胃的上方。它们通过韧带与彼此紧密相连，这些韧带在你呼吸的节奏中得到活动。你的姿势会影响呼吸的质量。

姿势的重要性并不在于它在外部看起来如何，而是要考虑你的内部系统是如何组织的。你的骨骼被设计成能够抵抗重力。脊柱的曲线可以分散重力的作用，而你的器官则悬挂在其中。你的头部由下面的结构支撑；与其认为你的身体沉入地面，不如想象使用你的骨骼、皮肤、肌肉和器官从脚开始向上支撑着整个身体，一直到头顶。

你的肋骨由三条粗壮的颈部肌肉悬挂在脖子上，这些肌肉从你的前两根肋骨一直连接到第六根肋骨。这些肌肉在结构上是多方向的，覆盖它们的筋膜（还记得包裹寿司的保鲜膜吗？）使得它们能够向各个方向运动。这种结构在肋骨之间的肌肉（称为肋间肌），以及深层腹部肌肉中也得到了体现。第十二根肋骨通过另一组位于下背部的三条肌肉锚定在骨盆上。可以把你的肋骨想象成一个悬挂的篮子，而不是一个笼子。想象一下垂直的手风琴：当你吸气时，手风琴向上和向下拉开；当你呼气时，手风琴通过收回的动作将空气推出。

所有这些结构都受到它们与呼吸的身体共同连接的影响。如果身体长时间保持静止，这种影响不仅限于肌肉和骨骼，你的呼吸节奏也会因不活动，以及需要使用能量保持固定姿势而受到影响。

当你吸气时，第一根和第二根肋骨向上和远离骨盆移动，颈部肌肉收缩；躯干后部的肌肉将最后一根肋骨向下固定，以增加肋骨结构的长度和深度，从而增加肺部的容量，以便空气能够进入。当膈肌向下拉时，它也将增加肺部的容量以吸入空气。当你呼气时，膈肌回缩向上，空气被推出肺部。这种多层次的组织结构赋予肋骨弹簧般的特性，使你在每次吸气时都能增加肋骨结构的长度。

你还有沿着肋骨的前面和后面延伸的筋膜，这些筋膜与颈部肌肉和下背部肌肉是连续的——这使你成为一个连续的弹性结构。

你的肺部是海绵状的形态，外面包裹着一层折叠回自身的胸膜，形成一个双层囊状结构。外层附着在胸壁上，内层覆盖着肺部、神经、血管和支气管。肋骨的打开使这些胸膜能够相互滑动，从而扩张肺部。

肺部前面从锁骨悬挂到第八根肋骨，后面则延伸到第十根肋骨。然而，肺部的胸膜位于第一根肋骨的上方，因此可以说肺部悬挂在颈部。肺的胸膜附着在颈部肌肉的内侧，因此你头部和颈部的姿势会极大地影响呼吸的过程。

你的颈部是许多重要结构的交汇点，这些结构延伸到上半身。控制头部、面部和眼睛的神经从颈部后方发出。颈部两侧有一条重要的神经，称为膈神经，它是神经系统中唯一负责膈肌运动的神经。当这条神经发放信号时，你的膈肌收缩；当它停止发放信号时，你的膈肌舒张。

膈神经起始于颈部，即你用来弯曲或旋转头部的部分，正好与下颌平齐。它穿过颈部、胸部，经过心脏和肺部，进入膈肌。膈神经还将与触觉和疼痛相关的感觉信号发送到膈肌、覆盖心脏的心包膜、覆盖腹部器官的筋膜，以及肺部外部的胸膜。

有十二对颅神经从头骨后方的脑干发出。这些神经控制着多种功能，包括视觉、听觉、味觉、嗅觉、触觉、运动和平衡。它们还控制着从身体到大脑再到身体的信号，与头部、面部、颈部、肩膀、手臂、手和手指的运动和感觉相关。你的颈部也是许多肌肉的交汇点，这些肌肉连接着你的锁骨、胸骨、肩胛骨和头骨。

所有这些都强调了姿势对呼吸的影响。下部或上部结构的任何混乱都会影响你如何抵抗重力，从而影响你在身体内部留出空间，以便充分利用肺部容量的能力。

还记得我们在前面讨论的躯体定位吗？如果你因为习惯性地弯腰坐在笔记本电脑前而没有充分呼吸，那么你无意中正在塑造你的躯体定位，使其在大脑中占用更少的空间。这意味着你没有充分利用你的肺部。这向大脑发出信号，表明你处于压力状态，并激活对应的反应链。如果你每天都重复这种情况，你会适应这种姿势和较短促的呼吸，而你的神经系统也会适应这种状态。

与其对这些信息感到不知所措，甚至因为整天坐在桌子前而感到沮丧，不如了解你可以怎样通过增强对整体自我的意识来改善自我形象，就像你小时候一样。启动意识过程所需的只是你的注意力。

关注你的肺部

让我们尝试一个呼吸练习，以提高你对肺部的意识。

1. 你可以躺下，膝盖弯曲，双脚平放在地面上；或者，如果你喜欢，也可以坐在地面上，同时双脚平放在地面上。

2. 轻轻将手放在胸部或下方的肋骨处，最下面的手指大致与胸骨底部的边缘对齐，这里是肺部的下叶所在的位置。感受手掌在肋骨上的温度。

3. 当你通过鼻子吸气时，空气进入肺部，感受肺部向肋骨和手掌扩张。当你呼气时，想象肋骨和肺部从手掌处缩回。

4. 练习时，不要用力推按肌肉；要让动作更柔和——想象你的手和肺部在皮肤、肌肉和骨骼的下面相互作用。

5. 继续呼吸，但将你的手放在身体两侧。你还能感受到手的温度吗？你现在意识到了下方的肋骨，并且很可能正在更深地呼吸到这个位置。你刚刚改变了大脑中肺部的映射，随着这一变化，你也改变了呼吸的方式。

鼻呼吸与口呼吸

关于通过鼻子呼吸相较于通过嘴巴呼吸的好处，已经进行了大量研究。

用鼻子呼吸的好处在于它是身体的第一道防线，能够过滤吸入的空气。它使吸入的空气湿润并保持温度，并使你能够多提取 20% 的氧气——具体通过鼻子呼吸时收缩压力的积累，以及随之释放的一氧化氮实现。一氧化氮可以放松血管内的平滑肌，使血管扩张，从而增加血液循环；它还具有抵抗病毒、细菌和微生物的作用。

鼻呼吸可以减缓你的呼吸速度，改善肺活量，增强膈肌的力量。它有助于增强免疫系统，并降低打鼾的可能性。而通过嘴巴呼吸则增加了哮喘、接触过敏原、口干、口臭、蛀牙、牙龈炎，以及睡眠呼吸暂停的风险。

你越能充分利用肺部的容量，它的功能就会越好，你的寿命也会更长。随着年龄的增长，肺部的容量会缩小，但你可以通过改善身体姿势和以较慢的速度进行鼻呼吸来改变这一点，从而保持肺活量。

你的呼吸方式影响着身体的每个系统：大脑的功能、心跳的节奏、血液循环和消化。缓慢地呼吸在几个方面有助于消化。第一，它有助于放松身体和精神。当你放松时，消化系统可以更有效地运作；而当你感到压力时，身体会释放出减缓消化的激素。第二，它可以帮助增加消化酶的分泌，这对于分解食物和吸收营养至关重要。第三，它可以帮助改善血液循环，增加流向消化系统的血流，这对于将营养物质输送到肠道和改善肝功能非常重要。缓慢地呼吸还可以帮助减轻与消化问题相关的疼痛，例如由消化不良和腹胀引起的疼痛。

6：6 呼吸练习

这种呼吸方式也被称为"协调呼吸"或"共振呼吸"，虽然"6：6呼吸"最清楚地描述了它的特点。

1. 你可以躺下，膝盖弯曲，或者坐在地面上，同时双脚平放在地面上。
2. 一只手放在你的腹部上，然后让你的肘部自然下垂。
3. 通过鼻子缓慢吸气，数到 6 秒，让你的腹部隆起。
4. 通过鼻子缓慢呼气，数到 6 秒，让你的腹部下沉。
5. 一旦你习惯了这种呼吸节奏，可以轻轻收缩喉咙后部，使你的呼吸听起来像婴儿的鼾声。但不要过度收缩喉咙后部；这个动作要柔和，不应过于用力。

你可能会发现这种呼吸的某一部分比另一部分更具挑战性。

许多年前，当我第一次开始练习这种呼吸节奏时，我发现在这个计时下呼气更难做到。但我越是让自己的呼吸感觉像一个连续的循环，让吸气平滑地过渡到呼气，我的肌肉就越能放松下来。

如果你觉得这很有挑战性，可以先从 3 秒开始，慢慢增加到 6 秒，但我发现大多数我教过的人，可以通过规律的练习，轻松进入这种状态。

慢而深地呼吸

这种呼吸节奏将使你的呼吸频率降到每分钟 5 次，具体为：1 次呼吸 = 12 秒（吸气 6 秒，呼气 6 秒）× 5 次呼吸 = 1 分钟。

研究表明，以每分钟五到七次的节奏呼吸可以平衡、增强并提高我们应对压力的系统，抵消过度的压力和创伤对情绪调节和身体健康的影响。以这种节奏呼吸可以让神经系统在交感神经（"行动"）和副交感神经（"不行动"）之间摆动，每次吸气和呼气都能实现平衡。这是因为吸气具有活力，激活了神经系统的"行动"部分，而呼气则激活了"不行动"部分。

根据呼吸科学实践者理查德·布朗（Richard Brown）和帕特里夏·格尔伯格（Patricia Gerberg）的研究，我们知道呼吸和情绪在神经上是相互连接的。你的身体不断向大脑传递信号，使其时刻了解身体的内部状态。这种复杂的沟通网络对于维持你的健康至关重要。从遍布全身的感官受体，到肺部和气管内壁的感受器，数据源源不断地流向大脑，并以毫秒为单位进行更新，确保你的大脑始终了解你的呼吸情况，而呼吸是提供维持生命所需氧气的重要过程。

当你改变呼吸模式时，你也在改变传递到大脑的信号模式：某些呼吸模式会发出你处于危险中的信号，而另一些模式则表明你是安全的。特定的情绪会引发不同的呼吸模式。例如，感到惊吓时可能会屏住呼吸，这种反应通过相应的呼吸模式进一步强化了情绪状态。

通过有意识地改变你的呼吸，你可以改变传递到大脑下部的呼吸信号模式。这部分大脑与脊髓相连——即脑干——并从这里连接到大脑中所有主要的调节网络：情绪中心、内部沟通系统、思考和决策中心，以及情绪和认知过程的许多方面。如果你能暂停一下，找出需要什么样的呼吸模式来让自己恢复平静，将对整个大脑的功能产生影响。

你可以通过调整吸气和呼气之间的关系，以及不同的呼吸长度来影响呼吸的频率。你可以轻柔地呼吸或用力呼吸，或者在呼吸中制造阻力，例如收缩喉咙后部。影响神经系统的"不行动"部分最简单的方法就是将呼吸频率减慢到每分钟五次。

如何练习

保持一致性很重要。在早晨醒来心情平静或安静的状态下进行规律练习效果最好，因为此时你的大脑还没有被一天的事务搅乱。每天进行二十分钟的慢呼吸已被证明是对平衡神经系统最好的。你可以从每天两分钟开始，逐渐增加到五分钟，然后慢慢延长。

形成新习惯的一个有效方法是将其与旧习惯结合，因此我一醒来就坐在床上，进行二十分钟的慢呼吸，然后准备开始新的一天。如果因为某种原因没有在早上完成，我会在一天中的其他时间进行。我还会在白天随时使用这种方法，以帮助恢复和重置我的神经系统。

在这本书中，我将分享许多练习，但 6 : 6 呼吸练习是将你的神经系统带入平衡的基础。把它作为你每天的首选练习——坚持一个月，看看你会注意到哪些变化。

通过呼吸缓解消化问题

如果你正在经历消化问题，慢呼吸可以是一种有效改善症状的方法。你可以尝试每天练习慢呼吸十到十五分钟，或者当你感觉消化不适时进行。以下是一些简单的步骤。

1. 以舒适的姿势坐下，保持脊柱挺直。
2. 闭上眼睛，专注于你的呼吸。
3. 慢慢地通过鼻子吸气，数到 4 秒。
4. 轻轻地屏住呼吸，数到 4 秒。
5. 慢慢地通过嘴巴呼气，数到 4 秒。
6. 重复步骤 3 ~ 5，持续十到十五分钟。

在本章中你学到的内容

- 你的呼吸控制着你的神经系统，所以如果你以一种功能失调的方式呼吸，你会使身体的所有系统处于压力状态。
- 你的情绪和你的呼吸在神经上是紧密相连的。

- 缓慢而稳定的 6：6 呼吸练习是平静神经系统的最简单方式，因为它在神经系统的"行动"部分和"不行动"部分之间创造了平衡。
- 你的头部、颈部和脊柱的位置会影响你的身体向大脑发送的信号。
- 你的身体状态影响你充分呼吸的能力。
- 当你慢而深地呼吸时，它激活了你神经系统的"不行动"部分：休息、修复和消化。
- 吸气刺激了你神经系统的"行动"部分，而呼气通过激活"不行动"部分来平衡它。

通过鼻子慢慢吸气，再慢慢呼气。或许可以走到户外，让你的大脑休息。在大自然柔和的场景中进行呼吸，是让这些信息在大脑中沉淀的完美方式。

在接下来的内容中，我们将深入了解触摸的重要性和意义。

0 4

触摸

皮肤是我们最大的器官，通过触摸我们体验周围的世界。

——阿什利·蒙塔古（Ashley Montagu）

当你看到"触摸"这个词时，首先想到的是什么？你是否想到了安全和被爱的感觉？还是这个词让你感到脆弱和恐惧？也许你还会想到感官上的触摸，或者按摩等治疗性的触摸。你对触摸的体验将塑造你的世界观。

案例研究：阿利斯泰尔（Alistair）和露西（Lucy）

我有一个客户叫阿利斯泰尔。他因为感觉缺乏爱，所以经常购买一些需要触碰的服务，频繁进行按摩、修脚及面部护理。他说这让他感到被爱。他告诉我，他的母亲从未亲吻或拥抱过他。1923年，他的母亲在 11 岁时被从波兰送到伦敦。她在维多利亚车站被一位住在伦敦东区的远房亲戚接走，负责照顾她。她的母亲（阿利斯泰尔的祖母）在分娩时去世，因为这一经历所带来的严重创伤，当她成为母亲时，无法拥抱或亲吻自己的孩子。

阿利斯泰尔不知道如何自我调节情绪。当他感到沮丧时，他不知道如何安抚自己，平静下来。他的情绪常常淹没他。当这种情况发生时，他要么去睡觉，要么采取破坏性的行为来麻痹自己的感受。阿利斯泰尔喜欢每一天都被安排得满满当当，直到最后一分钟。他会尽一切可能填满空闲时间，确保自己没有时间去思考或感受情绪。

当我刚开始教阿利斯泰尔时，每当我让他在课程开始时坐到地上，不久他就会睡着。他不明白填满一天的每一刻，并重复这种状态直到睡觉是多么消耗精力。他要么处于"开启"模式，要么处于"关闭"模式。他晚上睡得不好，主要通过嘴巴呼吸，并且患有睡眠呼吸暂停综合征——这是一种在睡眠中呼吸短暂停止的情况，伴随喘息或窒息的声音，会导致经常醒来；这种情况通常与打鼾有关；第二天会感到非常疲惫，难以集中注意力，并容易有情绪波动，有时还可能会头痛，因为没有完成睡眠周期（我们将在后面的章节中详细讨论睡眠周期）。阿利斯泰尔有所有这些症状。他一直会感到疲惫，每天要喝八到十大杯咖啡以保持清醒。

他体重超标且感到不适，患有痛风，并服用药物来控制高血压、高胆固醇血症和糖尿病。他对生活的态度是，如果感觉良好，就想要更多：更多的食物、更多的经历和更多的人在身边。他喜欢收集东西。他有一些在拍卖会上购买的古董，但这些古董直接被放入储藏室。如果他喜欢某样东西，他就想一次又一次地重复——无论是电视节目、电影，还是食物。他有一段长久的婚姻，但并不幸福，而是感到孤独和缺乏爱。

阿利斯泰尔也是我认识的最成功的人之一。似乎正是由于他缺乏自我意识，使他在商业上毫无畏惧，根本不考虑自己行为的后果。

他表现出神经多样性的倾向，但从未被诊断过，也不希望被诊断。我的工作不是进行诊断，最好也不要知道客户身上贴了什么标签。他们不必告诉我任何关于他们"故事"的事情。相反，我引导他们进行一些动作，并观察他们是否陷入某种阻止他们充分呼吸或轻松活动的模式中。我们以非常柔和的方式一起努力，帮助解锁这种模式。

我向阿利斯泰尔展示了当他感受到情绪在内心涌动时该如何活动，以及如何通过呼吸、触摸和运动来安抚自己，他现在能够做到这一点，并理解了如何管理自己的情绪。他对任何需要使用触摸的课程都有共鸣，因为这能帮助他理解自己与环境的关系。例如，当我要求他从前屈的姿势慢慢到站立姿势时，无论我强调"慢慢来"或"轻柔点"多少次，他总是很快地站立，然后会感到头晕。但当我要求他将手放在脚背上，沿着小腿、大腿、骨盆、腹部和胸部滑动，最后将头抬起时，他就可以做到。他必须用手感受到身体的展开，以理解自己在空间中的活动。

在大多数课程中，我会引导他用手感受呼吸时肋骨的运动，这就是他理解 6 ：6 呼吸练习并能够长时间练习它的方式；或者我会让他使用道具，以便他能通过道具的边界感知自己。让阿利斯泰尔运用所有感官对他的感受非常有帮助。

他减掉了约 25 公斤的体重，并且扔掉了那些几十年来一直保留的较大尺码的衣服，以防再次发胖。他现在更擅长通过鼻子呼吸，睡得更好，睡眠呼吸暂停的情况消失了，咖啡减少到每天一杯，痛风也完全好了。

我有时会在阿利斯泰尔身上看到那个渴望触摸的小孩。因为没有得到触摸，他就需要许多其他分散注意力的方式来安抚自己。

与阿利斯泰尔形成对比的是另一位客户露西，她无法忍受意外的触摸，因为这会让她感到僵硬。她在一个父母长期行为不稳定的家庭中长大。她的父母很难认识到自己和年幼孩子的需求，这使得露西变得高度警觉。我的工作主要是在线上进行，但有时也会面对面地接触客户，因为我的课程中有一些实践性的元素，这对那些对自己的感受缺乏意识的客户非常有帮助。我总是确保在面对面接触客户之前提前告知他们我将要做的事情，而且我必须特别注意提前通知露西，确保征得了她的同意。我还给她提供许多选择，例如让她可以选择是否要睁开眼睛。"安抚计划"非常适合她，因为这让她对自己的身体有了掌控感和舒适感。我们一起努力使她的神经系统平静下来，这样在触摸别人或被触摸时就不会让她完全陷入恐慌。

我们如何学习照顾自己？根据创伤专家的说法，你是通过照顾者照顾你的方式来学习如何照顾自己的。他们在你感到不安时是否安抚过你？他们是否责骂、打击或忽视你？

对婴儿来说，即使是忽视较轻微的问题，也可能会导致他们出现情绪调节能力差、社交退缩、自卑、运动和语言发展延迟、智力功能差和容易发脾气等问题。随着时间的推移，这可能导致学业成绩低下。这些孩子遭受的认知缺陷会贯穿他们的一生。

婴儿通过探索环境、获得鼓励、感到安全、尝试新事物，以及错误反馈来学习。大脑由不同的区域组成，这些区域参与你所做的每一件事，每个区域都有数百万个脑细胞或神经元。

参与这些行为的神经元通过相互传递化学信号进行沟通。通过反复执行某个动作，两个神经元之间将连接形成新的神经通路。这个大脑的变化过程，以及通过建立新的神经通路来适应的能力，被称为神经可塑性。婴儿从他们的环境和人际关系中学习。被爱、被触摸、被鼓励和被照顾的婴儿，神经通路会蓬勃发展，因为社交连接是他们学习和形成经验的方式。你哭泣时，照顾者会安抚你，这教了你如何安抚自己；你的照顾者对你微笑着轻声细语，你学会了微笑和回应，这教会了你如何建立社会关系。

与照顾者进行互动有助于调节你的神经系统，例如调节身体、与他人进行协调沟通、情绪平衡和同理心，以及对恐惧的调节。向照顾者寻求安慰是一种学习行为，如果婴儿从未被教导过，也就不知道自己可以得到安慰。

你所拥有的皮肤

将你的手掌合在一起摩擦。你能感觉到手掌上的皮肤有厚度吗？你能感觉到每只手上的细小沟纹和褶皱吗？现在用手指轻轻触摸眼睛下方的皮肤，感受一下这层皮肤是多么薄。你的皮肤是多功能的，具有不同的特性，具体取决于它的位置和需要覆盖的部位。它会向外界展示你的生活经历，以及你身体内部的状态。

如果你回想一下前面的内容，你的皮肤——与神经系统一样——是由胚胎的外胚层形成的。你的牙齿、头发，以及赋予你嗅觉、视觉、听觉和味觉的器官都源自这一层。你的皮肤向内延伸，形成眼睑、耳朵、鼻孔和嘴巴的内部：你可以将其视为皮肤的内衬。你的皮肤可以被视为你的"外部神经系统"；同时，你的神经系统也可以被视为你的"内部皮肤"，作为内部和外部环境之间的通道。有人将皮肤描述为第一种沟通媒介。

作为婴儿，你很可能会用手和嘴寻找母亲的乳房。你的皮肤提供了你在空间中定位的感知信息，并通过母亲的抚摸和拥抱来进一步刺激你的大脑。皮肤让你感受到自我，与所拥抱的人的皮肤分开，形成了你的边界感。

你的皮肤上有数百万个感官受体，可以接收热、冷、疼痛、压力和触觉等不同刺激。触觉是胚胎发育过程中最早形成的感官，而你的大脑为这些感官受体分配了相当大的空间，这显示了触觉的重要性。

触觉被分为两种不同的类型：快速触觉系统使你能够感知到蚊子落在手臂上的感觉，或者热锅的温度；而慢速触觉系统则使你能够感知到特定类型的缓慢接触，例如抚摸或拥抱。慢速触觉系统仅存在于身体上有毛发的部位，例如前臂，而在脚底或手掌上则不存在。我们天生就有与他人连接和建立联系的需求，例如安慰、抚育、共情，以及他人的支持，而慢速触觉系统正是为了促进这一点而设计的。

快速触觉系统引导你向外探索——想想你的手伸出去感受世界，或者你的脚与外部世界的接触。慢速触觉系统则更多地关注于作为人类的内在体验：它有助于调节你的情绪，并发展你的社交大脑。

触觉对我们的功能有着根本性的影响。我们现在知道，早产儿在保温箱中需要被触摸，以促进母婴之间的社交联系。社交大脑的发展需要触觉，它对健康认知、情感和身体发展都是必不可少的。

在写这本书的过程中，我们家意外地来了几只小狗。母狗虽然还很年轻，却本能地知道要舔舐自己的幼崽。舔舐本质上是一种触觉，对于小狗来说尤其重要，特别是在肛门和生殖器之间的部位。如果这一过程没有发生，小狗可能会因为生殖系统、泌尿系统和消化系统的功能失调而无法存活。

拥抱已被证实对拥抱者和被拥抱者都有镇静的作用。持续的身体接触刺激神经系统，大脑的情感处理网络被激活，产生包括催产素在内的神经化学物质。这种被称为"拥抱激素"的物质能让人感觉良好，促进社交联系，减少压力和焦虑水平。它还有助于抵抗感染，减缓心率。定期拥抱可以减少你对压力的反应，增强你的适应力。如果你与伴侣同床睡觉，轻柔的触摸将通过降低你的皮质醇水平来帮助你调节睡眠。

你越多地触摸和拥抱你的伴侣或孩子，就越能创造一个积极的反馈循环，增加彼此的催产素水平。在一项研究中，研究人员发现，在进行公开演讲这一具有挑战性的事件之前，拥抱伴侣 20 秒可以减少压力水平。

你也可以通过经常抚摸宠物来增加自己的催产素水平——如果你有宠物，你或许早已知道这一点了。我经常觉得我应该为我的狗支付治疗服务费。

触摸确实是一个敏感的话题。在公共空间中有关触摸的规范确实需要社会共同遵守，以确保人与人之间合理的边界感不被打破。然而，触摸是一种可以立即放松神经系统的方式，如果因为担心而避免与他人进行恰当的接触，特别是与我们认识的人，那将是一种遗憾。

使用触摸来安抚

我喜欢每天早上进行面部按摩的仪式，因为轻柔地抚摸自己的脸庞会让我感到无比舒适。不仅我的皮肤因血液循环的增加而受益，而且在镜子中看着自己并关心自己的感觉深深地滋养着我。我的手与脸之间的关系是直接的；沿着下颌线、颧骨和眼周的轮廓——我使用向上的动作来抵消重力对脸部的影响。

抚摸和按摩不仅对皮肤和肌肉有影响，还有助于你体内的液体流动。淋巴系统可以充当"排水系统"，将体内的液体转移到血液（它含有白细胞，可以抵抗感染，并清除细胞产生的废物）中，因此让淋巴液流动是很重要的。淋巴液需要肌肉的运动来帮助它流动，因此轻柔的按摩有助于淋巴系统的良好运作。

面部按摩练习

尝试这个按摩方法，体验触摸的好处。

1. 用你最喜欢的面部精油摩擦你的手掌。然后通过拍打的方式将其涂抹在脸上。

2. 用你的右手，从下巴向上抚摸到左耳，然后沿着左侧颈部向下，以帮助你的淋巴液向下流动。每侧做这个动作三次。

3. 现在用你中间的三个手指放在颈部的两侧（锁骨上方），你的手指应该指向头部的方向。用你的手指轻轻地在这里拍打三次。

4. 握拳，将拇指放在下巴两侧的下颌线下方。在用其他手指的指关节按摩脸颊的同时，用拇指沿着下颌线向耳朵方向抚摸。你可以用力一些，用拇指和食指抵住下颌线，将皮肤向上推到耳朵。然后从下巴重新开始。

5. 现在用拇指以外手指的指关节从鼻子两侧到耳朵下方画出你的颧骨，就像你在用黏土塑造颧骨一样。重复这个动作几次。

6. 将拇指以外手指的指关节放在颧骨下方，保持这个姿势呼吸几次。

7. 张开双手，用你的中指从下巴向上抚摸到嘴角、鼻子两侧，然后向上到眉毛之间的发际线。

8. 使用你的食指和中指，从一侧眉毛的外侧向上摩擦，经过前额，到另一侧眉毛的外侧，然后向上到发际线。接着用另一组手指从对侧向上摩擦，就像你在画一个"之"字形的图案。以一定的力度进行，让皮肤感到刺激。

9. 使用这种摩擦方法，但让你的手指平行于眉毛。将左手手指向右滑动再回来，右手手指向左滑动再回来，就像你在前额涂抹面霜一样。

10. 交替使用双手抚摸你的前额：用右手从左到右抚摸前额，用左手从右到左抚摸。

11. 用你的食指和中指，从眼睛下方的骨窝处向上滑动至太阳穴，然后重复这个动作三次。现在用同样的手指从眉毛上方滑动至太阳穴。

12. 接下来，用双手分别从鼻子两侧向外滑动至发际线。

13. 最后，重复步骤2，从下巴抚摸至耳朵，再向下至颈部，每侧做三次。

培养一种以共情的心态触摸自己皮肤的习惯，是一种深具滋养效果的实践。以下是一些建议：让你的双手按照直觉在你的脸上轻柔触摸，为自己提供所需的关怀。

自我拥抱练习

1. 坐在椅子上，或者你可以躺下来，膝盖弯曲，让你的身体放松。

2. 注意你的感受，以及你意识到自己身体的哪些部分。如果你坐着，你可能会注意到你的坐骨和脚。如果你躺着，头后部和肩膀的感觉可能更明显。或者，也许你的肩膀因为一天的紧张而感到紧绷？

3. 开始注意你的呼吸：注意空气是如何通过鼻孔进出的。当你吸气时，注意你的腹部如何上升；当你呼气时，注意你的腹部如何下降。

4. 现在用你的手臂给自己一个拥抱。交叉双臂放在胸前，你的右手应该放在左臂上，左手放在右臂上。在你的呼吸时，用手沿着手臂向下抚摸，这样轻柔地做几次。如果你不能把手臂交叉在胸前，你可以从锁骨向下抚摸到腹部。让抚摸的动作缓慢且舒适。想想你的慢速触觉系统——你不想急于完成这些动作。

5. 一直这样做，直到你感到平静，能够继续进行你的一天。每当我想要关注自己或放下手头的工作时，我都会在日常生活中使用这个方法。

在本章中你学到的内容

- 与他人进行触摸互动，例如拥抱、抚摸背部，以及与朋友和家人的接触，可以安抚你和他们的神经系统。
- 拥抱有许多好处，包括提升你的幸福感。
- 你的皮肤是你的"外部神经系统"，任何的皮肤刺激都可以影响到神经系统的平衡。

在接下来的内容中，我们将探讨运动，以及为什么运动不仅仅是走路。

05

运动

大脑不仅仅是一个思考的器官，它也是一个运动的器官。我们的运动方式影响我们的思维方式，而我们的思维方式也影响我们的运动方式。当我们改变运动方式时，我们也改变了思维方式。

——摩谢·费登奎斯 (Moshe Feldenkrais)

我们生活在一个前所未有的对身体进行细致观察和讨论的时代。我们被鼓励将身体推向极限，挑战自己，以实现新的更好的自己。在健身房中超越自我，并利用运动来塑造和控制自己。我们不断被"完美"的形象轰炸，从"新的一年新的你"到"海滩身材"，隐含的信息是：你此刻的状态是不够好的。尽管有呼吁对身体保持积极性的声音，但是这种条件反射使得我们可能并不会对自己的身体感到积极。

我们的身体是一个复杂的系统，其任务是维持体内环境的稳态或平衡，但我们却不断做一些事情来打乱这种自然的节奏，似乎与自己处于持续的战争中。我们长时间坐着，没有足够的睡眠或休息，把每一个清醒的时刻都用某种活动填满，饮用大量咖啡，食用含有无数成分的食物，而我们的肠胃则要努力地消化这些食物。

因为我们与身体之间的关系如此复杂，所以尽管我们的身体是为运动而设计的，但在运动时我们也会感到焦虑。你可能会记得在学校寒冷泥泞的操场上奔跑的经历，以及最后一个到达终点的羞耻感。或者你是那 80% 在办理健身房会员后的五个月内就退出的人之一吗？大多数人提到不去健身房的原因，包括健身房的费用、失去动力、看不到立即的效果，以及感到格格不入或太忙。每当我问我的客户是什么阻止他们每天运动时，他们通常会说只是没有足够的动力；或者他们采取"要么做好，要么不做"的态度，有时会非常规律地投入于健身课程，但生活中发生的一些事情打断了这种状态——他们的决心随之消失，陷入了一个长时间的休整期，不再好好照顾自己，而是回到长时间工作、睡眠不足和缺乏营养饮食的习惯中。

这一切是如何变得如此复杂的？我们如何才能穿透这些表象，

回归到真正重要的基本原则上？我看到许多客户因未能及时处理日常压力而出现焦虑和职业倦怠。他们停止了对自己的关心。现在，他们感到沮丧、疲惫和情绪低落。这是一个恶性循环：你越不运动，越不愿意去运动。我的课程强调运动，以帮助你自我调节情绪，这已被一次又一次地证明有效。让我们探讨一下原因。

我们为什么要运动

在世界中，移动与思考是密切相关的，这种联系是我们在进化过程中因为需要狩猎、采集和觅食逐渐演变而来。我们的祖先常常需要长途奔袭，追逐猎物，直到猎物精疲力尽。在这种情况下，你需要不同的技能，例如思考和规划目的地，以及复杂的思维能力、高级的沟通技巧和团队策略。你必须识别以跟踪动物的足迹，并具备空间意识和导航技能。这些能力，加上狩猎、采集所需的有氧耐力，增强了你的神经系统对运动的反应。人类大脑的进化可以被更好地理解为对运动的适应，而不仅仅是为了思考。我们祖先的生存依赖于他们的运动能力，因为他们的身体活动与食物获取密切相关。持续的运动在塑造人类大脑方面发挥了关键作用，促进了其发展，以支持运动规划、协调和导航。

大脑通过神经递质方面的进化以适应长期的压力。压力会导致化学物质的释放，从而增加心率、减缓消化、麻痹疼痛，并释放额外的葡萄糖到大脑中。这在短期内是有益的，因为我们的祖先大部分时间都在步行，他们能够自我调节这些化学物质的释放——这些物质是保持运动所必需的，也可以通过运动被代谢。

运动是你体验环境的方式，你的大脑已经进化到能够让你做到这一点。你拥有一个能够产生适应性和复杂运动的大脑，这是你影响周围世界的唯一方式，而你通过肌肉收缩来实现这一点。如果你经常使用某块肌肉，它会通过增强其能力来回应这种使用；如果你不使用它，它的能力就会降低。大脑的反应也是类似的。身体活动以良好的方式给我们的脑部施加压力。在这个世界移动是一项认知要求很高的任务，这使得你的大脑能够保持韧性。事实上，从消耗资源的角度来看，你的大脑所做的两件最耗费能量的事情就是运动和学习新知识。但是，如果大脑的一部分任务是节约能量，那为什么还要运动呢？

答案是，短时间内的运动会改变你大脑中的化学物质，使你感到更加充满希望和活力。随着时间的推移，定期的运动实际上会改变你大脑的结构和功能，使其在应对压力时更加乐观。

怎么做到的呢？当你定期且持续地收缩肌肉时，化学物质会释放到你的血液中，以减少炎症，改善免疫和心血管健康，调节血糖，甚至消除畸形细胞（如癌细胞）。一些通过收缩肌肉而释放的化学物质能够穿过血脑屏障，起到抗抑郁的作用。你的肌肉在运动中将这些化学物质输送到大脑，以改善你的情绪。

在最近的一项研究中，研究人员发现，控制运动的大脑区域与参与思考和计划的神经元网络相连——它们还控制着血压和心跳等生理功能。这项重要的发现将你大脑中负责目标导向的部分与控制心率和呼吸的部分联系起来，而呼吸又是调节过度兴奋的大脑和神经系统的遥控器。这项发现代表了身体和精神在大脑结构中字面意义上的连接。

现代人面临各种各样的压力，但生理上应对压力的反应方式却保持不变。你的基因在一万年来没有太大变化，但你的生活方式却大相径庭。你可以坐在沙发上点餐，甚至不需要购买食材和烹饪；你大部分时间都是坐着的，大部分休闲时间都在看电影和吃喝；你将家务外包，并开车去健身房。你的生活方式消除了所有潜在的运动机会。你天生就是需要运动的，然而你的现代生活方式却让你保持静止。

当你在一天中经历微小压力而不采取任何行动时会发生什么？压力引起的化学物质会在你的身体中积累，随着时间的推移变成炎症。如果你不释放压力的话，那些旨在让你免受压力的系统反而会慢慢伤害你。压力是面对挑战或威胁时的身体和情绪反应。它可能由任何事物引起，从小小的烦恼到重大的生活事件。当我们面对所感知到的威胁时，我们的身体会激活一种称为"战斗—逃跑—冻结"的本能反应。这种与生俱来的生存机制经过数万年的人类进化而形成，让我们能够以三种基本方式之一来应对危险：战斗、逃跑或冻结。压力源是指引起压力的事件或情况。它们可能是外部的，例如失业或车祸；或者是内部的，例如担心金钱或健康问题。

持续的压力发生在我们反复面对压力源，或者我们没有足够的时间从压力中恢复过来的时候。持续的压力对我们的身体和心理健康有很大的负面影响。

当我们面对压力时，我们的神经系统会超负荷运转。我们神经系统的"行动"部分被激活，这会提高我们的心率、血压和呼吸频率，使我们准备战斗或逃跑。神经系统的"不行动"部分也被激活，但程度较小。这个系统会帮助我们冷静下来，让我们的身体恢复正常。

当压力持续时，负责战斗、逃跑或冻结反应的交感神经系统会变得过度活跃。这可能导致许多健康问题，包括：

- 心脏病；
- 高血压；
- 糖尿病；
- 中风；
- 抑郁；
- 焦虑；
- 睡眠问题；
- 记忆问题；
- 体重问题；
- 消化问题。

在我的工作室里，我见过很多有这些问题的客户。他们经常告诉我，他们感觉自己总是处于紧张状态，无法放松。他们可能还会在与他人沟通时遇到困难，感到疏远，注意力不集中，并且难以做出决定。

我们一直低估了运动的重要性，或者以一种简化的方式误解了它——为了减肥。然而，运动与人类是紧密交织在一起的。当你减少运动时，你的认知功能也会降低。

运动与情绪

运动如何影响你的大脑?

如果你曾经进行过跑步、长距离散步或游泳，你或许已经体验过那种愉悦感。然而，运动不仅仅是有助于释放内啡肽。在一项研究中，研究人员发现，那些每周进行三到五次、每次四五十分钟锻炼的人，所报告的心理健康状况不佳的天数比不锻炼的人要少。这项研究还包括了其他类型的体力活动，例如照顾孩子、做家务、修剪草坪和钓鱼等。

所有类型的运动都可以降低心理压力。骑自行车等有氧运动和去健身房能够使压力降低的幅度最大，但团队运动似乎是与良好的心理健康关联性更强的活动。社交有助于使你面对压力时更有韧性，因此团队运动是一种特别有效的方法，可以带来更多好处。

研究表明，运动人群的心理健康水平比不运动人群高出40%。运动人群与不运动人群之间的心理健康差异，远比不同体重人群之间的心理健康差异明显得多。

运动直接影响大脑用来沟通的化学物质，例如多巴胺，能够影响情绪、动机，提高幸福感及注意力。运动可以提升多巴胺的分泌水平和存储量。运动还能提升血清素，有助于调节情绪、控制冲动，并有助于通过抵消皮质醇和增强学习能力来控制压力水平。

运动能够调节大脑中一种名为"脑源性神经营养因子"（brain-derived neurotrophic factor，BDNF）的特定分子，以保持神经元的健康和快速沟通。BDNF已被证明能够增强小鼠的心理能力，对抗焦虑和抑郁——人们认为它在人类中也有类似的作用。在美国的一项研究中，一个学区通过让体育课变得更有趣、也更有规律，提高了学生的体能和学业成绩。

运动可以刺激生成新的脑细胞，增强记忆力，这与你的健康水平相关。运动还与血液中较低的炎症水平相关，已被证明有助于减少情绪障碍，改善心脏健康，并控制你的身体压力水平。

运动对心理健康的好处就像它对身体的好处一样，随着年龄的增长，它有助于促进大脑的健康。经常运动的老年人比那些不怎么运动的老年人患阿尔茨海默病的可能性低 40%。运动还可以帮助减缓疾病的发展。

有氧运动可以调节并帮助释放 BDNF，以实现神经细胞之间更快地沟通，帮助大脑集中注意力、保持专注、提高记忆力。它还被证明可以预防或缓解心脏病、癌症、焦虑、抑郁和帕金森病等。

我在患有帕金森病的老年客户中亲身验证了这一点。如果他们没有经常运动，看起来会显得缓慢和迟钝，但如果他们保持每天运动的习惯，看起来就会更敏捷，并且表现出更少的震颤。我还发现，如果让他们在运动时进行 6∶6 呼吸练习，他们的震颤会减少，平衡也会改善。当神经系统处于平衡状态时，一切都会运作得更好。而当压力事件和你对它们的感知打乱了你的平衡状态时，你的神经系统会通过关闭目前对你没用的功能来适应这一点。

案例研究：埃伦 (Ellen)

埃伦来找我是因为她的健康状况在持续恶化。她的体重超标，并且在过去的几十年里经历了一连串的健康问题，饱受广场恐惧症、抑郁、哮喘、失眠、高胆固醇血症、高血压、糖尿病和肠易激综合征的折磨。在我们接触的过程中，她告诉我她的父母在她十六岁时死于一场车祸，她不得不照顾她的四个弟弟。她负责做饭、打扫卫生，接送他们上下学，并确保他们完成作业，以及远离麻烦。

当长大后，埃伦接受培训成了一名护士。服务他人成了她的默认设置，因为她从小就学会了——作为家里唯一的女孩，她必须成为照顾者。她不知道如何优先考虑自己的健康。

形成一个更平静的呼吸模式是第一课，要让她注意到她的身体是如何参与呼吸的。埃伦的身体一直是痛苦和焦虑的源泉，以至于她无法感受到自己的身体感觉。随着练习的深入，她学会了更深地呼吸到肺部，这帮助她感到更平静和安全。

我鼓励埃伦每天早上在花园里练习呼吸。这能够让她的眼睛接触到阳光，重置她的昼夜节律。呼吸练习使她的心情平静，并赋予她改变的力量。随着时间的推移，并在丈夫的支持下，她找到了一条适合每天早上去散步的路线。她在散步时练习呼吸。日常运动改善了她的情绪，她也因情绪的转变而感到更有力量。她曾经习惯了压抑自己的感情，我们的课程探讨了那些影响她自我价值观念的行为模式。

现在，埃伦有了可行的策略来平静她的精神，安抚她的身体，改善她的睡眠。她已经停用了一种哮喘吸入器，并学会了在情绪压倒她时在地板上进行恢复性摇晃练习。在她之前的人生中形成的习惯和对自我的看法——生活很艰难、没有时间去感受、必须继续前进、必须把每个人都团结在一起——正在慢慢从她的身心中释放出来。

什么是压力

压力是生活中不可避免的一部分。它是身体对感知到的任何需求或威胁的自然反应。压力主要表现为两种形式：急性压力和慢性压力。

急性压力，也称为 SNS（交感神经系统）压力，是对突发和意外压力源的短暂反应，例如工作面试或公开演讲。在急性压力期间，身体会释放肾上腺素和去甲肾上腺素等激素，导致心率、呼吸频率和血压升高。这是身体为应对压力源而准备战斗、逃跑或冻结的反应。

慢性压力，也称为 HPA（下丘脑 - 垂体 - 肾上腺轴）压力，是对持续压力源（如高要求的工作或持续的财务问题）的长期反应。在慢性压力期间，身体会释放皮质醇等激素。如果这些激素被释放却没有被代谢，可能会导致一系列健康问题，包括高血压、心脏病、肥胖和抑郁。

需要注意的是，并非所有的压力都是有害的。急性压力在某些情况下反而是有益的，例如在需要迅速逃离危险时，帮助提供大量的肾上腺素。但是，慢性压力可能会对健康产生显著的负面影响。思考压力的一个好方法是：这会让你兴奋还是收缩？我会迎接那些虽然会带来短期不适，但能让我在某种程度上成长的挑战；我会远离那些让我感到崩溃的挑战。

在一项对 30000 名成年人进行了十年的跟踪研究中，研究人员询问他们生活中的压力程度，以及他们是否认为压力对健康有害。那些生活压力大并坚信压力对他们有害的人，在接下来的十年中，因任何原因导致的死亡率增加了 43%。而那些生活压力虽大但不认为压力对他们有害的人，十年结束时健在的可能性最高。压力并不总是我们认为的风险因素。压力是你的身体为可能发生的重大资源支出做准备。

还有一种思考压力的方式，可以帮助你避免不想要的后果：想象你可以利用身体中的压力所产生的能量，让自己感到更勇敢、更有韧性，并愿意接受他人的帮助。

在哈佛的一项研究中，参与者在考试前被告知，他们在考试前感受到的生理反应会帮助他们为考试做好准备。他们被告知，心跳加速是为行动做准备，而呼吸加快则是为大脑提供更多氧气。当认为自己的生理反应对他们有帮助时，参与者感到更自信，压力更小。通常，当人们感到压力时，血管会收缩。然而，在那些将自己的生理反应解读为有助于实现目标的参与者中，他们的血管保持了放松。

人在焦虑或兴奋状态下的生理反应看起来是一样的。与其认为你的心跳加速是因为你不知所措，不如认为其实是为了给你勇气和信心去执行手头的任务。

压力会使你渴望得到支持和帮助。催产素，这种能调节你大脑社交本能的神经化学物质——也被称为"拥抱激素"——会在接触身体时被释放。它是一种压力激素，激励你寻求支持，引导你告诉别人你的感受，而不是压抑你的感情。你的压力反应希望你被关心你的人所包围。

当你关心的事情岌岌可危时，就会产生压力。压力涉及生理、感受、情绪、思想、行动和行为。它是在你体内循环的压力激素，涉及你向他人求助的需要，或者是在压力时刻的愤怒。这些压力本能中有些是有帮助的，有些则不是。了解自己的压力本能将帮助你知道自己需要什么。

应对压力的适当反应是运动。运动可以让你释放压力事件所带来的精神和身体负担。你的大脑进化出了能够管理复杂运动的能力。因此，运动可以把你的压力从你的身体中转移出去。

一个压力循环可以分解为：

- 压力的原因；
- 压力的生理反应；
- 压力残留；
- 适当的行动——运动和休息。

区分对你造成压力的事件和压力对你产生的持续影响是至关重要的，即压力的原因和压力残留。在这两者之间的是压力的生理反应。

让我们更详细地分解一下。压力的原因可能是你那位永远对你的工作不满意并在同事面前批评你的老板，也可能是你那位工作时间长且在家脾气暴躁的伴侣，又或者是你母亲总是问你什么时候结婚、要孩子等。压力残留是压力对大脑和身体产生的持续影响。压力是一种适应性反应，经过那些旨在保护你的进化，让你能够产生战斗、逃跑或冻结反应。这一反应被称为"一般适应综合征"，由加拿大内分泌学家汉斯·塞里（Hans Selye）提出，描述了无论压力源是什么，我们的神经系统对压力的反应方式是相同的。

在过去，人类面临许多生存威胁，如猛兽、饥饿和疾病。这些威胁触发了身体的战斗、逃跑或冻结反应，这是一种复杂的生理反应，让身体准备去战斗或逃避危险。当交感神经系统被激活时，它会导致身体释放激素，如肾上腺素和皮质醇。这些激素通过增加心率、呼吸频率和血压来为身体的行动做好准备；它们还会使肌肉紧张，增强感官的警觉性。

战斗、逃跑或冻结反应是非常有效的应对即时威胁的方式。然而，如果它是被非威胁性压力源（如令人愤怒的电子邮件或交通堵塞）激活的，就可能会造成伤害。塞里认为，身体对压力的反应分为三个阶段。

- 警觉：这是压力反应的初始阶段，身体释放激素，如肾上腺素和皮质醇。
- 阻抗：这是压力反应的第二阶段，身体试图适应压力源。
- 疲惫：这是压力反应的第三阶段，身体的资源耗尽，无法再应对压力源。

如果压力源没有被去除，身体可能进入疲惫状态，这可能导致各种健康问题，如高血压、心脏病和焦虑。

曾几何时，压力的原因可能是一只剑齿虎。当你看到它或听到它的声音时，你的大脑会引发一系列神经和生理反应，以给你生存的机会。在这种情况下，你的心跳加速，血压升高，血液被推送到肌肉中，以便为行动提供能量；你的肌肉紧张，疼痛感被麻痹，瞳孔扩张以聚焦于眼前的危险；血液从消化系统、生殖系统中转移，因为除了让你脱离眼前危险的功能外，其他功能是没有必要的。同时，你强烈渴望得到他人的支持。

你的选择不多：你可以逃跑，可以尝试与老虎搏斗，或者可能不得不保持静止，希望它没有看到你，以便可以在安全的时候逃跑。

如果你成功逃脱并返回你的部落，你可以开始释放体内的压力残留，被大家的安慰所包围。你得到了拥抱，与他们分享了你的故事，然后大家一起庆祝，享受盛宴。当你安全地入睡，知道自己又度过了一天。

现在你已经完成了一个压力循环，经历了对压力源的生理反应高峰，以及体内和大脑中化学物质残留的必要释放。在这种情况下，释放是通过跑步回到安全地带，并与同伴分享经历，得到支持和身体接触，感受到安慰和安全实现的。

你的压力反应是为了行动，让你脱离危险，以及寻求他人的支持。这种反应是为了应对急性压力而形成的。它让你的大脑和身体保持敏捷，激励你朝着安全地带前进，驱使你采取行动去寻找部落，让你扩展经验并成长。

一旦压力源消失，你神经系统中的"不行动"部分开始减少压力反应——体内的激素水平会下降，心率和血压会恢复正常，肌肉也会释放紧张——你的身体开始恢复。

相比之下，慢性压力是不健康的。

肾上腺素为你提供了在战斗、逃跑或冻结反应中所需的力量。然而，如果你的压力持续存在，这些激素会在长时间内收缩血管并升高你的血压，可能导致心脏病和中风。

皮质醇促进身体释放更多的糖分，以提供更大的能量让你战斗或逃跑。但体内过多的皮质醇会引发炎症反应，这可能导致抑郁，甚至导致骨质疏松（原因是什么？皮质醇抑制新骨细胞的产生，这可能导致骨密度下降；它还会增加能够分解骨骼细胞的物质的活性，这同样会导致骨密度下降。此外，皮质醇还会使骨骼变得更加多孔，使密度降低，从而削弱骨骼的强度）。它还可能在你的腹部周围形成脂肪，更容易引起心脏病的发生。慢性压力不仅会抑制你的免疫系统，还会逐渐缩短染色体的端粒，这通常被认为与衰老密切相关。

在现代社会，压力的来源与上述的战斗或逃跑的情境截然不同。它们往往不是短期的，而是持续并累积的。在五分钟内，你可能会遇到许多压力源：收到一封关于工作上坏消息的邮件，看到一则关于自然灾难的新闻，发现自己的信用卡达到了透支限额。你坐在笔记本电脑前，没有人可以交谈，每天吸收越来越多的压力，却没有采取任何行动。在这种紧绷的状态下，你被完全地包围，压力源一波波涌过你的身体，不断增加着你的压力水平。

现在你已经明白了运动对人类的重要性，我希望你能感到有更多的动力去运动。不仅仅要通过正式的"锻炼"来增加运动量，还要在日常生活中定期活动，以应对各种压力源。运动的目标应该是采取一种长期的日常方法，进行多种可能的运动，而不是仅限于某一种类型的锻炼。我更喜欢"运动"这个词，因为"锻炼"这个词会让人联想到"我必须完成一项任务"，而前者还可以包括跳绳、在厨房跳舞或简单地散步。我喜欢进行多种运动，并每天都进行变化，这些运动包括遛狗、滑旱冰、举重、拳击、瑜伽、阻力带训练、在地板上滚动、随着音乐跳舞……我根据当天的感受和精力选择我的运动。如果我没有太多精力，我会在工作日中间进行一些简单的运动，或者去散步，让我的眼睛从固定状态中放松，让大脑休息。

随着你运动得越来越多，感受到越来越多的来自情绪和身体状态的变化，你将形成积极的习惯，让你更期待每天的运动。最重要的是，你会开始感到愉快！

摇晃练习

摇晃是身体的一种自然反应，用于释放固定状态下的紧张，这种状态可能是震惊、恐惧，或者长时间保持一个姿势造成的。如果你养狗，你会看到它在极度兴奋或恐惧时会摇晃或抖动——摇晃会释放体内一系列的化学物质，让它从兴奋状态过渡到更平静的状态。你也可以这样做。

你已经在前面的"恢复性摇晃练习"中尝试过躺下的版本。下面是我常用的站立版本。

1. 站立，双脚分开至与肩同宽。
2. 让手臂自然垂放在身体两侧，膝盖稍微弯曲。

3. 现在开始将肩胛骨向耳朵方向滑动，就像在耸肩一样，然后再向下，并逐渐加快速度，上下移动。

4. 让这个动作传递到你的骨盆和腿部。感觉像是在蹦床上慢慢弹跳，但双脚不离开地面。

5. 找到一个轻松的节奏，让这个动作在你体内流动，就像摇晃的果冻。

6. 一旦你掌握了这个动作，你可以慢慢地将胸部、上半身和手臂从一侧旋转到另一侧。你的头也会随之转动。旋转是从腹部向上，所以骨盆会转动，请不要让它僵硬。这个动作更多是上半身在摇晃时的转动。

7. 我通常会播放一段好听的音乐——R&B 对我来说很合适——并在整首歌的时间里摇晃。一旦你轻轻停止，注意一下你的感受：你喧闹的思绪是否安静下来？

在本章中你学到的内容

- 作为人类，我们天生就要运动。对大脑来说，最好的锻炼就是运动。身体与精神在大脑结构中存在直接的联系。运动、思考和计划，以及由自主神经控制的身体功能之间是相互关联的。

- 运动可以改善你的情绪，抵抗焦虑和抑郁，降低与年龄相关的脑部疾病的风险。

• 运动可以消除压力造成的伤害——通过运动可以释放压力残留，使相关化学物质从你的身体和大脑中排出。

• 设法在你的一天中增加更多的运动：有时站着而不是一直坐着，骑自行车外出而不是开车，上下楼时爬楼梯而不是坐电梯。

• 如果你想改变自己的情绪状态，就去运动吧!

现在放下这本书，走到外面，什么都不做，只是让这些信息慢慢渗透进你的脑海。

在接下来的内容中，我们将讨论休息，以及为什么这对人类至关重要。

06

休息

每个人都值得拥有一个没有问题需要面对、没有解决方案需要寻找的日子。我们每个人都需要从那些不会从我们身上离开的烦恼中抽身而退。

——玛雅·安吉洛 (Maya Angelou)

当我刚开始练习瑜伽时，我总是会在最后那一段做完之前离开课堂——那一段叫作"挺尸式"练习。对我来说，那感觉像是在浪费时间，我可以用这段时间去完成其他事情。

我一直努力工作：我是移民的后代，在南亚家庭中长大。我的父母不得不努力工作，并将同样的工作理念灌输给我。我十四岁时的第一份工作是发型师，从那时起我就开始自己赚钱。我从未停止过工作。

现在，工作在我们的自我认知中占据了非常重要的位置，以至于许多人在失去工作时会感到迷失方向。当你忙于通勤和工作时，你往往没有心理空间去考虑，你真正想在生活的不同阶段成为什么样的人。

我们对自己的看法通常是作为孩子时在学校形成的，然后我们就不断地成长为那个想法中的自己。在我成长的南亚家庭中，父母希望他们的孩子"成为医生和律师"这样的陈词滥调是真实存在的。这两者都被认为是稳定的职业，并且拥有较高的社会地位。我有几个客户做了他们父母希望他们做的事情：和条件合适的人结婚，有了被规定数量的孩子，以及拥有一个有前途的职业。当他们到了中年时，才意识到自己一直在为别人而活。我们大多数人没有时间停下来反思，"这还是我想要成为的自己吗？"；没有时间进行思考，你如何衡量自己的位置和想要去的方向？如何根据不断变化的价值观和梦想来调整自己的生活方式？

休息和行动同样重要。休息在我们所处的文化中是一个如此陌生的概念。我们经常推着自己走向崩溃。我观察到很多身为母亲的人，她们在一生中无情地驱使自己跟上不可能的时间表，并且以同样的方式驱使她们的孩子。她们容纳着家庭的情绪，成了家庭关怀的源泉。除此之外，她们的职业生涯早已经让她们筋疲力尽。我们不可能在人生中的各个方面尽善尽美，总有些东西必须放弃，而这通常是你的身心健康。

案例研究：妮古拉 (Nicola)

妮古拉是由她的心理治疗师推荐给我的。她已经到了一个感觉身体和心理上都陷入僵局的时刻。她经历了生育问题、财务问题和复杂的家庭变化，这些都给她带来了持续的压力和痛苦。像许多需要兼顾工作和家庭的女性一样，她感到筋疲力尽，并且遇到了一个障碍——即使她平时保持良好习惯（保证营养、定期锻炼和八小时睡眠），也没有帮助她解决问题。

她注意到，除了感到筋疲力尽之外，她还对自己的生活感到不快乐、不知所措和绝望。她告诉我，她感觉自己与自己脱节了。她匆忙地度过每一天，处理所有发生的事情，但没有时间去暂停和思考。她没有休息。

妮古拉有一张充满希望的脸。我可以看出她正在尽她最大的努力，但她的勇往直前已经不再有效。我可以看出她已经对自己缺乏信心。她下垂的肩膀让她的身体向内收缩，这影响了她的呼吸，使呼吸变得短促。

我们从能引起她对当前的状态感兴趣的小动作开始。她躺在地板上时的感觉如何？通常她感到松了一口气，因为她不需要再做更多的事情。她的身体的哪部分能感受到疲惫？是收紧的胸部。她对未来上升的恐慌感在哪里？是在她的腹部，那里充满了焦虑。

经过十二周的课程，她身体的紧张慢慢被释放，这使她能够充分地呼吸。当她做到我要求她做的动作时，她感到非常兴奋，例如让一只脚沿着另一只脚的形状画圈——越是弯曲、摇晃和放松身体，就越容易做到。以一种有条不紊的方式解决问题给了妮古拉尝试新事物的信心。她学会了休息，学会了处理自己的情绪，能够在开始与伴侣讨论问题之前先让自己平静下来。她感到与生活中带给她快乐的事物重新连接，并恢复了自信，而不是试图在家里保持平和。她感到更加坚强，能够清晰地思考。

妮古拉现在站得笔直，随时都能找到一种充满活力的姿势。她正在做一些她以前只敢想象的事情，包括报名参加一个创意写作课程。她有计划地扩展自己在家庭和工作之外的自我认知，这给了她作为一个人的主体性，满足了她个人的需求。在一天中通过不断地释放压力，使她的系统得以休息、重新校准和恢复。我们无法通过一个疲惫的大脑做出明智的决定。为了服务他人而破坏自己，这不是一个可持续的策略。

休息和注意

女性承担了许多角色：同事、伴侣、母亲、女儿、姐妹。在我们忙碌的生活中，有许多事情需要处理。女性总是被指导如何拥有一切，更有人会建议她们通过买什么和穿什么来达到这个目标——一个发型精致，穿着干练西装，脚踩高跟鞋，一手拿着公文包、另一手抱着孩子的超级女强人。

总是以相同的标准做好每件事是不可能的。在理想的情况下，你应该有时间从一个角色或活动平稳地过渡到另一个角色或活动。而在这之间，你应该进行休息，并为下一个活动做准备。活动之间的过渡，与活动本身同样重要。用仪式来标记这些过渡，是标志一件事情结束和另一件事情开始的重要部分。

注意并去关注你在一天中的感受，是一个关键的反思过程，使你能够处理自己的感觉、情绪、思想、行动和行为。例如，你正在办公桌前处理一份重要的文件，这时收到一封邮件提醒你需要支付一笔逾期的贷款。即使有再强的意志，大多数人都会发现已经很难保持在工作的思维状态中。

坐在办公桌前试图将思绪重新集中到任务上，并继续打字，可能并不会帮助你集中注意力。一个好的策略是离开办公室，呼吸新鲜空气，并制定一个支付贷款的计划。一旦你有了计划，例如明天一早就打电话给银行，你就可以减轻紧张感，将呼吸调整到一个更均匀的节奏里。现在你已经重新调整并恢复。当你回到办公桌前，就可以关闭电子邮件，重新开始工作，顺利地回到原有的思维状态中。

实时照顾自己，尤其是在工作没有尽头的数字时代，对于防止一天中的压力事件的积累并引发身体炎症至关重要。实时释放自己的压力，将防止你感到持续紧张和焦虑、精疲力尽、绝望，或者对自己的无能为力感到愤怒。

以下是我在工作时如何处理日常事务的方法。我通常在早上7点左右醒来。我更喜欢在早晨进行较为剧烈的运动，可以是跑步、跳绳、举重，或者任何强度较大且有助于增强体力的活动。我在工作室里有忙碌的日程，全天都有客户。当我开始在线工作时，我给相邻两位客户之间留了五分钟的时间。我的理由是，这五分钟的间隔能够让我从一个任务切换到下一个。

然而，我依然常常感到疲惫，并因客户的问题而感到自己身上积累的情感负担。毕竟，我也是人，其他人的故事会影响我的感受。

为了应对一对一教学的强度，我现在在相邻两位客户之间安排了释放仪式。我要么在音乐中摇晃，要么深呼吸，要么躺在地板上滚动身体以释放任何紧张的情绪。我把上午能够连续接待的客户数量限制为两位，完成后我会离开工作室，进行一些能让我得到休息的活动。我利用这段时间做饭、做园艺、整理房间、和我的狗玩耍、与在家工作的伴侣聊天，或者去海滩散步。

理想情况下，我的释放仪式包括运动、呼吸、阳光、大自然和社交。我偏爱任何能让我的思绪漫游的仪式。在午后空隙，我经常练习一种名为NSDR（非睡眠深度休息）的引导式冥想，专注于自己的感觉。

所有这些都让我更擅长休息，不过度思考我的工作。我的工作占据了我大脑的很大一部分，包括为课程或客户做准备，以及实际的教学。我意识到，如果我不让大脑从紧张的专注中释放出来，我常常会被他人的问题压得喘不过气。这让我在一天结束时感到筋疲力尽，即使在关灯睡觉时，我的大脑仍在思考和计划。

我花了很长时间才走到这一步。在我生命中的许多时候，自我反思感觉像是不舒服的行为。回头看来，我意识到在休息时间快速行动是为了逃避自己的感受。体验反思带来的不适感可能是有帮助的：不要沉溺于我们所做的决定或对它们自责，而是要从中学习和成长。关键的教训是我没有给自己暂停的时间去做这些事情，因为我没有意识到休息的重要性。

我们为什么要推崇忙碌的理念，以至于到了损害我们自己的身心健康的地步？

忙碌

"懒惰"这个词被认为源自中世纪低地德语的"lasich"，意思是虚弱；或者源自古英语的"lesu"，意思是邪恶或虚假，意味着你缺乏纪律或道德败坏。在我们的文化中，这种观念依然根深蒂固：懒惰的人被认为是无能者和失败者。

对忙碌文化的崇拜教导我们，忙碌优于休息。它告诉我们，如果我们不是一直在做事，那么我们就是懒惰的。这种心态可能导致我们忽略自己的感受。当我们感到疲倦时，我们会去喝咖啡，而不是倾听我们身体对休息的需求；当我们感到悲伤时，我们选择购物，而不是让自己梳理情绪。我们开始相信，总有一种产品可以解决我们的问题，即使"问题"只是人类应该有的本性。我们通过外部解决方案来寻求安慰，而答案其实在我们内心深处。

人类的大脑根本无法一天连续专注八小时，那么我们是如何形成这种期望的呢？八小时工作制是工业时代的遗留产物。在此之前，体力劳动者通常每天工作十到十六小时，一周工作六天，因为工厂是全天候运转的。直到 1914 年，福特汽车公司将工作时间缩短至八小时并提高工资，生产力因此翻倍。新的工作制显著改善了工业时代的工作条件，但在如今以大脑为生产力的知识经济时代中，这种制度并不适用。

一项研究显示，普通英国员工平均每天的有效工作时间不到三小时，其余时间则用于聊天、开会和上网。然而，英国员工在办公室里花费的时间比他们的欧洲同行平均多出 2.5 小时。到底发生了什么？根据一项调查，自 2010 年以来，出勤主义（即使生病也要待在办公室里）的时间增加了三倍多，在休假期间工作的人数也有所增加。人们参与出勤主义的原因有很多，例如担心失去工作或被认为没有团队精神。出勤主义与压力、焦虑和抑郁有关。

一种总是专注于保持高效的倾向将人视为机器，其唯一目的是持续工作，只在睡觉时停下来。我曾在一个公司工作过一段时间，除此之外，我主要是为自己工作。我很难理解为什么在完成足够的工作后不能随意离开。为了一周五天看起来每天都在忙碌而表现出来的假象，是我在这份工作中感到最具挑战性的部分。如何在每小时都显得自己值得这份工资，给我带来了相当大的心理负担。我辞去了那份工作，再也不希望回到正式的工作环境中去，因为这对我的心理健康不利。

福特汽车公司一直走在创新工作模式的前沿，其在 2021 年宣布员工可以永久在家工作。他们的办公大楼变成了会议和项目的协作空间，而员工可以在家中专注地进行工作。在最近的一项研究中，许多公司在不减少工资的情况下试行四天工作制，结果大多数公司报告称生产力和效益保持不变。此外，员工表示他们感到的压力减少了，额外的时间也使他们能够更好地管理自己的生活。

我们仍然被困在这种过时的出勤主义观念中：在合同规定的时间内待在办公桌前，确保你能获得报酬。然而，工作场所中有许多干扰因素会打断你集中注意力，包括与他人互动、会议，以及充满噪声的开放式办公室，这些都加重了心理疲劳。

我们都知道，适度的压力可以提高我们的专注力，但过度的持续压力——例如不可能的截止日期、永无止境的待办事项清单、苛刻的老板或压抑的工作环境——会削弱我们保持专注的能力。这是因为我们大脑的前部，即额叶皮层，决定了我们应该关注什么，并协调来自其他大脑区域的输入，然后将我们的注意力引导到我们所关注的事物上。当我们进行多任务处理时，大脑要在一个任务和另一个任务之间分配注意力，而不是同时关注所有事情。可能有少数人能够成功地进行多任务处理，但对大多数人来说，这在生理上是不可能的。

当心理疲劳来袭时，你可能会感到困倦和缺乏动力，你的表现也会变差，态度和情绪都会受到影响。如果你发现自己很容易分心，无法专注于手头的任务，这可能意味着是时候休息一下，让大脑从疲劳的状态中解放出来了。

间歇性休息

你可能听说过昼夜节律：形成体内生物钟的二十四小时周期，协调着白天和夜晚不同时间发生的一系列过程。昼夜节律影响着生物功能的各个方面，包括体温、情绪和警觉性。

你可能没有听说过超日节律，也被称为基本休息与活动周期。这是体内比二十四小时的昼夜节律更短的生物模式，并且在一天中循环出现。就像在睡眠中，你会进入九十分钟的快速眼动睡眠（rapid eye movement sleep，REM）和非快速眼动睡眠（non-rapid eye movement sleep，NREM）周期一样，你的身体在白天也会经历类似的过程。在专注工作期间，你的身体和大脑消耗氧气、葡萄糖和其他能量燃料，你的心率、激素水平、肌肉紧张度和警觉性在周期的前半部分达到峰值。代谢废物是你的身体和大脑活动的副产品，它们会积累，并作为压力被你感受到。

九十至一百二十分钟后，你开始容易分心，难以继续保持注意力。你的身体开始发出信号，你会感到坐立不安、易怒、饥饿或疲倦。随着能量的下降，你的生产力开始减弱。你的身体需要一些休息时间，它必须重新平衡，排出代谢废物，修复受损的组织。你的大脑也需要从接收信息的过程中休息，建立必要的连接并找到解决方案。这是一个休息与活动的周期，让你的系统重新校准。如果你能调整自己以适应这些周期，你就可以顺应身体，合理规划自己的工作。

我尝试这样工作了一段时间，发现这是一个能够顺利地组织我的一天的方式。我将每个工作阶段的时间限制为九十分钟，当时间到时，我就停止做这件事情。越是这样工作，就变得越容易专注于一件事情。在两个专注时间段之间给自己留出二十分钟的休息时间，这样可以让大脑处理所接收的信息。休息使你能够顺利过渡到下一个活动。

以前我总在不同事情之间跳来跳去，结果到了晚上会感觉精疲力尽，而现在我每天起床后的第一件事就是规划我的第一个九十分钟的工作阶段。第一个九十分钟的工作阶段结束后，我会休息约二十分钟，然后规划下一个九十分钟的工作阶段，这就是我专注工作的全部内容。理想情况下，我的二十分钟休息会进行完全不同类型的活动，而不是继续坐在办公桌前。通常，我会尝试在垫子上运动，还可能进行呼吸练习或冥想，并尽可能安排二十分钟的午睡。

如何找到九十分钟工作阶段的开始时间？这应该是你感到最清醒的时间。我在上午9：00至11：30感到精力最充沛。这时我不会浪费时间去做我不喜欢的工作，例如行政事务；我会做我想做的、有创造性的事情——那些赋予我意义的工作，例如教学、练习、研究和写作。

如何将这些安排融入你的工作日常？假设你在上午9：00开始工作。注意你自己在9：30时的清醒程度，如果这是你的最佳时间，就划定接下来的九十分钟为专注工作时间。在11：00进行休息，离开你的办公桌，走动走动，爬几层楼，与同事交谈或去喝杯咖啡。11：20你回到办公桌前，这时是处理电子邮件、行政事务和所有其他似乎永无止境的事情的好时机。午餐后尽可能在外面走动，并计划一下下午的工作。

确保在一天结束时留出足够的时间来回顾、整理思绪，并为第二天做计划。如果可以，闭上眼睛，专注于呼吸，让你的双脚充分接触地面。

这个理想的场景并没有考虑到会议、出行和所有其他突发事件。但它给了你一个关于如何在一天中以循环的方式进行专注，并从专注中恢复的方法。我的建议是通过一次改变一件事，来逐步朝这种工作方式迈进。只要你每天完成一轮不间断的专注工作，并且记得每天多次离开座位，你就在朝着照顾你的神经系统的方向前进。

休息是行动的对立面，为你的下一轮行动做好准备。你不能持续运行你的神经系统：休息和行动共同作用，能给你提供一个平衡。

为了说明休息对最佳表现的重要性，我们可以看看 1993 年对柏林音乐学院小提琴学生进行的一项研究。研究人员试图找出使这些学生表现出色的因素。研究中最引人注目的发现之一是，表现最好的学生也是那些休息最多的学生。他们并不是连续几小时不停地练习，而是定期休息以恢复精力。这使他们能够保持专注和动力，避免疲惫。

研究结果表明，休息对达到最佳表现至关重要。当我们充分休息时，我们能够更好地集中注意力，更有效地学习，并做出更好的决策。同时，我们也能更少地经历压力、焦虑和倦怠。由此得出的结论是，如果你希望提高表现，务必确保获得足够的休息。在一天中多次休息，并保证良好的睡眠，你的身体和大脑会对此表示感谢。

更成功的学生会更有意识地练习，完全专注于他们所做的事情，并观察自己可以改进的地方。他们认识到这些练习强化了他们对未来成为伟大音乐家的想法。研究人员还发现，有意识地练习是需要付出努力的，每天只能持续几小时。他们的练习包括九十分钟的专注时间，中间有三十分钟的休息。

此外，研究还发现表现出色的学生的睡眠时间比其他学生多一小时。他们会在下午午睡，之后再进行一次九十分钟的练习。这相当于每天约有四小时的专注时间。其余时间并没有闲着，他们用来完成作业和进行其他练习。他们根据每日专注练习所需的心理和身体资源进行调整。

20 世纪 50 年代进行的一项研究调查了科学家的工作时间与他们发表的文章数量之间的关系。每周工作十到二十小时的科学家在工作时间与文章数量之间有更好的比例。那些每周工作二十五小时的人并不比那些每周工作五小时的人更有生产力。每周工作三十五小时的人的生产力是每周工作二十小时的人的一半。每周工作超过六十小时的科学家效率最低。最成功的科学家每天工作四到六小时。

科学家、学者和作家遵循这种短暂而专注的工作模式。例如，生物学家查尔斯·达尔文 (Charles Darwin) 和作家查尔斯·狄更斯 (Charles Dickens) 记录说，他们每天工作四小时，中间会因为思考而散步。达尔文甚至有一条思考小径，当他需要思考复杂问题时会沿着这条小径散步。

我们过于关注行动，而不太关注从行动中休息。我在我的客户身上一次又一次看到这种情况。一个典型的模式是，他们起床，打理孩子并送其出门。然后他们一天都不休息，直到睡觉：疯狂地敲击键盘，没有休息，在办公桌上吃午餐，边吃饭边看电影。因此，他们出现失眠、消化问题，感到焦虑、压力和倦怠也就不足为奇了。

许多研究表明，休息可以巩固学习效果。休息时，你的大脑会回放记忆、规划未来，并想象不同的情景。白天闭眼休息十五分钟可以显著提升你的记忆力。

休息与睡觉的区别

在一天中需要定时休息，以便从脑力和体力活动中恢复，而睡觉则是一种二十四小时的重置机制，确保大脑和身体的健康。让我们看看睡眠周期是如何在 REM（快速眼动睡眠）和 NREM（非快速眼动睡眠）之间变化的。

NREM 可进一步细分为四个阶段，睡眠深度逐渐增加。在前两个阶段，你从清醒状态转入浅层睡眠，心率下降，体温和脑电波活动减缓。第三和第四阶段是大脑产生强烈脑电波的阶段，此时免疫系统和心血管系统得到修复。这些后期的睡眠阶段是发生记忆巩固和大脑结构固化的时刻。

REM 是脑电波活动加速并产生各种各样梦境的阶段。这个阶段负责情绪调节、创造性思维、信息处理和问题解决。

REM 和 NREM 之间的相互转化发生在九十分钟的睡眠周期中，但随着夜晚的推进，REM 与 NREM 的比例会发生变化。例如，在夜晚的前半段，你会有更多的 NREM；而在夜晚的后半段，你会有更多的 REM 和较浅的 NREM。

错过了这个睡眠周期的任何部分，就意味着你无法享受到睡眠所带来的全部好处。这些好处包括身心恢复、大脑信息处理和记忆分配，以及为复杂问题提供新颖的解决方案。神经元连接本应在睡眠周期中得以建立和强化，但有问题的睡眠会让一些神经元连接无法得到强化，进而消失。

在 19 世纪 50 年代，英国人平均每晚的睡眠时间为八小时；而到了 2023 年，这一数字降至六小时二十四分钟。那么，为什么我们没有得到足够的睡眠呢？要求苛刻的工作、不断滚动的新闻、社交媒体，以及我们生活方式的其他方面，都被认为是"偷走"睡眠的因素。

当你缺乏睡眠时会发生什么？除了记忆力和判断力变差之外，还有更严重的后果。短时间睡眠不足与癌症风险增加有关。如果你每晚只睡五小时或更少，出现肥胖问题的可能性高达50%。睡眠不足的人会遭受持续的压力，这与更高的感染率相关，也会增加患上 2 型糖尿病和心血管疾病的风险，更可能会遭受抑郁、焦虑和情绪障碍。在严重的心理疾病案例中，几乎总会伴随睡眠障碍问题。稳定的睡眠可以缓解上述问题。

我们与睡眠的关系需要重新调整：我们不应将睡眠视为必须解决的问题，在我们精疲力尽时挤出时间安排，而是应将其优先视为生活中必要的一部分。我们中的许多人靠每天喝咖啡以保持清醒，然而，一旦你开始将休息融入日常生活中，你的睡眠质量就会改善。

休息练习

尝试按照以下方法进行二十分钟的休息。

1. 躺在地板上，双腿伸直，双臂放在身体两侧。让你的手臂与躯干之间留有空间。
2. 注意你的身体在地板上的感觉。
3. 开始注意你的呼吸，以及你的整个身体如何适应它。你身体的哪些部分随着呼吸而移动？
4. 注意哪些肋骨与地板接触。下次吸气时，让与地板接触的肋骨逐渐向下压，呼气时则慢慢释放对地板的压力。
5. 重复这个动作几次，但要不断让它变得更加柔和，呼吸与运动之间融为一体。
6. 一旦注意到自己没有完全投入或感到疲倦，就先暂停练习，休息片刻后再重新尝试。

7. 现在你可以继续关注肩胛骨、头骨、骨盆、小腿和脚跟。同样，慢慢进行，在专注于一个部位后休息一下，然后再转到下一个部位。

8. 完成练习后休息一下，注意你与地板的接触在休息时发生了怎样的变化。这种感觉可能会很微妙，但定期的练习将逐渐提升你的感觉范围。

在本章中你学到的内容

- 大自然赋予你每二十四小时"重启系统"的最简单方式，那就是睡眠。

- 让你的大脑在没有刺激的情况下休息，使其能够回放记忆、规划未来和想象不同的情景。这样做可以巩固学习效果并增加创造力。

- 可以在一天中安排九十分钟／二十分钟的专注／休息周期。如果能够围绕大脑的超日节律进行规划，你将更高效地完成专注工作。

- 睡眠包含不同的周期，重要的是要留出足够时间完成所有周期，以享受其全部好处——包括情绪调节。

- 将睡眠和休息置于与行动和生产力同等重要的位置，

以便能够平衡自身系统，发挥最佳状态。

我们已经讨论了休息的重要性和睡眠的关键作用。你可能已经感到有些疲倦。放下这本书，享受二十分钟的休息。在接下来的内容中，我们将讨论食物如何滋养你的大脑、肠道与大脑的联系，以及亲近自然的重要性。

07

营养

吃食物。不要吃太多。
多吃蔬菜。

——迈克尔·波伦 (Michael Pollan)

我在十九岁时曾在一家健康食品店工作，这段经历是我接受过的最好的教育之一。我了解到食物可以是良药，并学习如何尽可能地食用未加工的食物。我学会了如何使用草药来舒缓身体。我了解到紫锥菊是一种常用于治疗感冒和流感的开花植物，它被认为可以增强免疫系统，帮助身体抵御感染。我还了解到大蒜因其具有抗细菌、抗真菌和抗病毒的特性而被使用了几个世纪。我在烹饪时会有意加入大蒜，尤其是在寒冷的月份。

我们可以将"食物即良药"的理念牢记一生。我的母亲习惯从原材料开始做饭，因为这样更便宜，而且清楚自己放入锅中的食材。偶尔，她会允许我们吃汉堡快餐。我们曾认为快餐是一种享受和从家常菜中解脱的方式——孩子们有时候真是太不知感恩了，不是吗？如今，快餐不再只是偶尔的"享受"。2021年，英国购买外卖的消费者同比增长了30%。2022年，英国快餐和外卖行业的市场规模达到了213.7亿英镑（约合人民币2000亿元）。

关于该吃什么、如何吃及何时吃的信息如此之多，但我们仍然对如何滋养自己的身体感到困惑。我们关注媒体报道的最新潮流，因为在这个选择如此众多的世界里，我们迫切希望找到健康饮食的答案。我们有特定的饮食方式：素食、海鲜、低GI、无糖、无麸质、无乳制品等。似乎我们能获取的信息越多，我们就越感到困惑。

一项大规模研究将过去六十年的各种研究进行了综合，发现与动物性食品相比，植物性食品可以预防大多数慢性疾病。全谷物食品的保护作用稍强，而高度精炼的谷物对我们并没有好处。乳制品的作用被认为是中性的，而加工肉类则增加了我们的风险。这些信息可能与你已经知道的相符，但食品工业让这一切变得复杂得多。我有时也会为自己的饮食选择感到困惑。然而，我仍然坚持食用植物性食品。现在，随着关于肠道微生物研究的新进展，我正尝试在饮食中加入更多样化的植物性食品。

你的大脑和神经系统是非常复杂的，需要多种营养素才能正常运作。保持营养均衡的饮食对维护大脑健康和认知功能至关重要。对大脑和神经系统最重要的营养素主要包括以下几种。

- ω-3 脂肪酸，这对大脑和神经系统的发育及功能至关重要，有助于保护大脑免受损害并改善认知功能。ω-3 脂肪酸的良好来源包括富含脂肪的鱼类（如三文鱼、金枪鱼和鲭鱼），以及核桃和亚麻籽等。
- 叶酸，这是 B 族维生素中的一种，对产生新的神经细胞至关重要。它对髓鞘的形成也很重要，髓鞘是包围神经细胞的鞘膜。叶酸的良好来源包括绿叶蔬菜（如菠菜和西兰花），以及柑橘类水果和豆类等。
- 维生素 B12，这是另一种对神经系统至关重要的 B 族维生素，有助于产生能量并维持神经细胞的健康。维生素 B12 的良好来源包括家禽、鱼类、鸡蛋和乳制品等。

- 铁，它有助于将氧气输送到大脑。缺铁可能导致疲劳、注意力难以集中，以及其他认知问题。铁的良好来源包括家禽、鱼类和豆类等。
- 锌，它对保护大脑免受损害和改善认知功能至关重要。锌的良好来源包括家禽、海鲜、豆类和坚果等。

除了这些，大脑和神经系统还需要其他多种营养素，如维生素 A、维生素 C、维生素 E，以及镁、钾等。这些营养素存在于各种水果中，三文鱼、金枪鱼和鲭鱼等鱼类中，以及核桃和亚麻籽等食品中。

根据英国流行病学家、伦敦国王学院遗传流行病学教授蒂姆·斯佩克特 (Tim Spector) 的说法，你每周至少应该吃三十种不同的植物性食品。他的研究表明，吃多种植物性食品的人拥有更健康的肠道微生物群，并且能降低患心脏病、中风和癌症等慢性疾病的风险。

我的饮食中包含了多种植物性食品，但三十种不同的植物性食品确实是一个挑战，直到我了解到这是指来自植物的任何东西——包括水果、蔬菜、豆类、坚果、谷物和香料。斯佩克特建议吃各种颜色的植物，因为每种颜色都含有不同的营养素。例如，红色水果和蔬菜是抗氧化剂的良好来源，而绿色蔬菜则是维生素 A 和维生素 C 的有益来源。

如果你不确定如何将三十种不同的植物纳入你的饮食，这里有一些建议。

- 每周探索季节性水果和蔬菜。这是尝试新口味和新食谱的好方法。
- 在你的零食中加入坚果。坚果是营养素的良好来源，并可以帮助增加饱腹感。
- 用全谷物食材烹饪，这是膳食纤维和营养素的良好来源。
- 发酵食品也是益生菌的极佳来源，对你的肠道健康有益。

除了食用滋养神经系统的食物外，我还对现代生活如何影响神经系统感兴趣，特别是超加工食品（UPFs）如何干扰神经系统。

超加工食品的问题

首先，让我们看看食品工业如何改变了现代人的饮食习惯。典型的一天从含糖谷物或某种糕点早餐开始，接着是午餐的三明治，下午茶时的甜点，以及晚上的冷冻速食餐和葡萄酒。由于时间方面的压力，我们已经很少在家中烹饪新鲜食品。问题在于超加工食品中的添加成分，这些成分使其保鲜时间更长，并使你能更方便地购买它们。

超加工食品含有很多你在厨房里找不到的成分。它们经过深度加工，含有许多添加剂、防腐剂和人工合成成分，通常还含有大量精制糖、不健康的脂肪。常见的超加工食品包括含糖饮料、零食、冷冻速食餐和早餐谷物食品。如果你翻看购买的包装食品，查看那不断增长的成分列表，我可以保证你应该无法识别其中大多数成分。

你的感受会影响你选择的食物，而你所吃的食物也会影响你的感受。经常吃"垃圾食品"的成年人更容易患上抑郁症和肥胖症。这些疾病的发病概率受到一生中所消费食物质量的影响。

一项名为"SMILES（情绪低落状态下的生活方式支持调整）"的研究调查了饮食与情绪之间的关系。该研究持续了数年，对 176 名中度至重度抑郁症患者进行了观察。研究将其中一部分人纳入饮食支持小组，其中三分之一的人从重度抑郁症中康复；而被纳入社交支持小组的人中，只有 8 人康复。

我们现代的饮食方式导致了肥胖和心理健康问题的增加。你的大脑倾向于追求愉悦的体验，当你参与任何带来愉悦感的事情时——从社交到享用美食——大脑的奖励系统会释放多巴胺，这是一种对奖励和积极动机有强烈反应的神经递质。超加工食品往往会将高脂肪、含糖和盐的口感组合在一起，非常诱人。如果你长期食用，你的大脑会产生过量的多巴胺，而随着更多的多巴胺受体被激活，你必须吃更多这样的食物才能体验到相同的愉悦感，最终导致你对它们产生渴望。

我对某些食物有着难以满足的欲望——我对薯片有严重的渴望。我发现它们的糖、盐和脂肪的组合如此吸引人，以至于我会不假思索地吃下一整大包。我不能在家里存放它们，而只在有其他人在场时才会购买。他们可能会在我吃得过多时制止我，这可以调节我的行为。多年前我接受过基因检测，一位营养师为我解读了结果：我不仅有成瘾和暴饮暴食的基因，还对运动反应良好。这意味着我的身体倾向于某些事情，但我通过生活方式的选择管理了我的倾向。我之前也会通过每天运动管理自己的情绪，说明我早就以某种方式知道了自己的身体需要什么。身体是内在智慧的体现——你只需要去倾听它。

超加工食品的广告铺天盖地，持续接触这些广告，可能会促进它们的上瘾特性。广告传达的信息通常是，你购买这些食品是为了让自己感觉更好，或者向他人表达爱意，它们将减轻你的压力和孤独感。然而，通过这些食品来安慰自己，不仅效果是短暂的，还会干扰你神经系统的正常功能。

超加工食品如何影响你的神经系统？超加工食品可能会干扰大脑中神经递质的平衡，例如多巴胺（奖励）和血清素（满足感）。当平衡受到干扰时，可能导致情绪波动、食欲增加，以及焦虑和抑郁等心理健康问题的出现。超加工食品的摄入还与体内的慢性炎症有关，包括大脑中的炎症，这会损害神经元的功能，影响记忆力、认知功能和情绪调节。

超加工食品还可能破坏肠道微生物群的平衡。你的"脑-肠轴"是指胃肠道与神经系统（包括大脑）之间的双向沟通通道。任何不平衡都可能影响神经递质的产生、免疫系统的功能，以及你的心理健康。

肠道微生物群

肠道微生物群是胃肠道中的微生物集合，它们是你的消化系统的一部分，在你的食道、胃和肠道中，包含细菌、病毒、真菌和其他微生物。肠道微生物群是数以万亿计的细菌的家园，其中许多细菌能产生神经递质，这些神经递质可以在调节情绪，减轻焦虑和疼痛方面发挥作用。

肠道微生物群与神经系统有着复杂的关系。新兴研究表明，它能够显著影响神经系统功能的各个方面，导致压力和焦虑，并可能导致神经性疾病的发生与发展，包括帕金森病、多发性硬化和阿尔茨海默病。研究表明，肠道微生物群组成的改变，可以影响神经炎症反应、血脑屏障的完整性，以及影响神经元功能的代谢产物的产生。

肠道微生物群通过迷走神经与大脑沟通。迷走神经是十二对脑神经中最长的一对，连接着脑干及胸腔和腹腔中的许多器官（包括心脏、肺、胃、肠和肝脏），在调节心率、呼吸、消化和其他身体功能方面发挥作用。

肠道微生物群发出的信号可以影响大脑功能，反之亦然。肠道不仅能产生并调节微生物群，还能产生并调节神经递质——这些化学物质是促进大脑神经细胞间信息传递的信使。某些肠道微生物可以产生神经递质，如血清素、多巴胺和 GABA（γ-

氨基丁酸），这些对于调节情绪、行为和认知至关重要。

肠道微生物群还与免疫系统相互作用，影响其发育和功能。人体免疫系统包括胸腺、骨髓、淋巴、脾和皮肤。你的肠道微生物群有助于训练免疫系统，确保对可能引起疾病的物质做出适当的反应，同时对无害物质保持耐受。肠道微生物群－免疫系统相互作用的失调可能导致神经炎症等神经系统疾病的发生。

肠道微生物群的失衡或干扰也可能引发肠道的炎症反应。这种反应可以释放多种分子和免疫细胞，并可以传播到大脑，导致神经炎症。慢性神经炎症与神经退行性变性疾病、情绪障碍和认知障碍有关。

此外，肠道微生物群还可以影响你的身体对压力的反应。它与压力反应系统沟通，包括下丘脑－垂体－肾上腺轴（HPA），以调节释放皮质醇等压力激素。肠道微生物群的紊乱可能会影响压力激素的水平，潜在地影响情绪状态、焦虑程度和抗压能力。

虽然这一领域的研究仍在发展中，但现有证据已经表明，通过均衡饮食、定期锻炼、充足睡眠和压力管理来维持一个健康多样的肠道微生物群，可以积极影响你的神经系统，并提高整体健康水平。

饮食不仅会影响你的体重，还会影响你的皮肤、头发的状态，以及器官和神经系统的正常功能。

自然滋养

摄入多种天然食物对滋养你的神经系统很重要，但你的生活环境同样重要。身处大自然是安抚你的神经系统和提高整体健康水平的良好方式。大自然能够深刻影响神经系统，为你的心理和情感健康带来众多益处。它的镇静效果有助于降低皮质醇等压力激素的释放，促进放松，减缓焦虑，改善情绪。这是怎么做到的呢？

如果你还记得前面的内容，我们的祖先需要狩猎和采集，能够区分浆果的颜色与绿叶对他们的生存至关重要。

我们眼睛中的视网膜可以检测到波长 400 ~ 760 纳米的光线，这个范围被称为"可见光谱"。每种原色对应不同的波长——

红色波长最长，蓝色最短，而绿色正好位于光谱的中间。因为绿色位于中间，所以这是我们感知最为敏感的波长，并能够增强对蓝色和红色的感知效果。

被绿色空间环绕甚至可能帮助延长寿命。2016 年的一项研究发现，居住在绿色区域多的参与者的死亡率比居住在绿色区域少的参与者的死亡率低 12%。研究者表示，更多的绿色空间意味着更多户外社交的机会。

大自然为我们提供了从现代生活的持续刺激和需求中逃离的机会。身处自然环境中，我们的注意力会从有指向的、集中的状态，转变为更不费力的"软沉浸"状态——这个术语意味着不需要专注于任何事物，只是让目光柔和地接纳周围的一切。恢复你的注意力资源可以改善认知表现、专注力和思维清晰度。

在自然中调动我们的感官——例如感受树叶的质地、聆听鸟鸣或呼吸新鲜空气——可以让我们专注于当下。自然环境的宁静、美丽和祥和能对情绪产生积极影响，促进幸福感、平静感和满足感。自然环境还提供了进行身体活动和与他人社交的机会，这有助于提高内啡肽水平，改善情绪。接触自然还可以重新平衡你的神经系统。沉浸在自然环境中可以激活副交感神经系统，也就是"不行动"部分，能够促进放松、消化和恢复。

对大自然产生敬畏或惊叹是一种复杂的情感状态，会有一种广阔或超越的感觉。敬畏可以由多种刺激引发，例如目睹自然奇观、思考宇宙的浩瀚，或者体验深刻的艺术文化表达。

这也是为什么远离日常生活中的琐事如此重要的原因。在令人敬畏的时刻，人们常常感到与超越自我的更大事物的连接，将注意力从个人关切中转移，并增强对当下时刻的感知，催生积极的情绪、广阔的思维和拓宽的视角。

总体而言，大自然对大脑的影响包括减轻压力、恢复注意力、改善情绪、提升认知、增强可塑性，以及提供正念和恢复的机会。将定期的自然体验融入你的日常生活，可以对大脑健康和整体幸福感产生深远的积极影响。

案例研究：纳塔莉 (Natalie)

纳塔莉来找我，因为她感到不快乐。她的体重超标，这影响了她的健康。她还有呼吸问题，并且经历了严重的抑郁症发作。为了克服一个没有安全感的童年带来的影响，她在成年后的大部分时间里都在接受心理治疗。纳塔莉在治疗中取得了很大的进步。

她在美国的一家科技公司远程工作，这意味着她的工作时间不同于典型的英国工作作息。她凌晨 1 点才上床睡觉，因为她喜欢通过"狂看"最喜欢的电视剧来放松。她很少出门，依赖外卖生活，也很少在现实生活中见到任何人。她来找我是因为她目前的治疗师建议她应该将心理治疗与基于身体的疗法结合起来。

纳塔莉无意中从她的生活中消除了我们的神经系统正常运作所需的很多元素：每天运动，健康饮食，正常社交，以及充足睡眠。我开始教她一些可以融入日常生活的运动。她的身体很紧张，所以我帮助她感知是哪里保持紧张，并教她如何释放这种紧张。她有明显的前倾姿势，肩膀内收，这加剧了她的呼吸问题。我教她通过运动来改善她的呼吸，她开始尝试在离开屏幕的休息时间中加入这些练习。

当纳塔莉改变和控制住了自己的呼吸方式和压力水平，我推荐了一位营养师教她如何烹饪既美味又有营养的餐食。我还推荐了一位我认识的私人教练，这鼓励她每周外出几次，并建立了自己的社交圈。虽然花了点时间，但纳塔莉最终理解了运动、饮食、睡眠和情绪之间的联系。与她合作是一种荣幸，因为她很投入，并且对变化的反应良好。她减轻了体重，更重要的是，她获得了一个更有意义的生活。

利用食物和自然来安抚你的神经系统

现在你知道了食物和自然如何影响你的神经系统，你可以做一些小的改变，充分发挥其功能。你可以尝试一醒来就到户外去，让光线来向你的昼夜节律发出信号。将户外运动纳入日常是一个很好的习惯，因为它结合了两个关键因素。记得不要直视太阳，因为只要不戴墨镜，只需站在阳光下就足以唤醒你的系统。在黄昏时分外出，让你的眼睛适应逐渐消失的光线，这也将为你的睡眠做好准备。

经常离开办公桌进行休息，如果可能的话，走到户外放松视线。定期到户外休息可以安抚你的大脑。养成散步时不带手机的习惯。尽量避免用无意义的不断滑动手机屏幕来填充你所有的空闲时间，因为它会刺激你的大脑。

食用未加工食品——理想情况下是自己做饭——这样你就能知道自己在吃什么。有很多优秀的营养师可以关注一下，以便你能找到包括各种植物性食品在内的美味食谱。

户外视觉练习

尝试这个结合了通过眼睛安抚神经系统和户外活动的练习。

1. 如果可以的话，坐在被绿色植物环绕的户外，最好是可以望向地平线的地方。你也可以坐在窗边，望向户外的花园或草地。
2. 保持坐姿，双脚平放在地面上。让你的脊柱保持挺直，肩膀自然下沉，远离耳朵。闭上眼睛。

3. 慢慢地吸气，慢慢地呼气——这是一组呼吸。再重复两组，然后慢慢地睁开眼睛。

4. 现在将一只手举到离自己约一臂距离的地方。让肘部保持放松，竖起食指。

5. 让视线轻轻地集中在食指上。保持缓慢的呼吸节奏。

6. 慢慢地让食指向你的方向移动，同时吸气，直到它距离鼻子约 15 厘米处。当你呼气时，让食指从鼻子前移开，回到原来的位置。过程中始终保持目光柔和，重复这组动作三次。

7. 把你的手放下来。

8. 让视线轻轻地聚焦在地平线上。感受你的眼睛是如何放松的，你的目光如何变得柔和，你的面部如何变得舒展。

9. 进行三组呼吸。

10. 现在把你的眼睛闭上，再进行三组呼吸。闭着眼睛转动眼球，想象你的视野向上、向下、向左和向右扩展。结束这一环节，注意自己此刻的感受。

在本章中你学到的内容

• 你吃的食物会影响你的神经系统，也会影响你的情绪状态。你的每周饮食中应包含三十种不同的植物性食品。

- 通过在你的饮食中添加天然、未加工的食物来保持大脑健康。远离超加工食品。
- 尽可能多地到户外活动，特别是在早晨、午餐时间、休息时间和黄昏时分。

我们接下来将探讨连接：与自我、他人和外界的连接。但此刻，请先走到户外去，用柔和的目光欣赏这个世界，并把你的手机调成静音放在口袋里。

0 8

连接

> 最终，这些事情才是最重要的——你爱得有多深？你活得有多充实？你放下得有多彻底？
>
> ——杰克·康菲尔德（Jack Kornfield）

几年前，我从伦敦搬到了英国南海岸的一个海滨小镇。我想要更宽敞的空间，拥有一个花园，以及每天能走到海边，让我的思想在凝望地平线时漫游。当我到达那里，所有这些元素立刻给了我一直渴望的解脱和宁静。

同时，这次搬家还让我意识到，自己内心深处一直在渴望一种来自社区的归属感。在伦敦时，我在同一套公寓里住了二十年。周围的公寓通常是由房东拥有并出租的，这意味着住户是流动的。我一直对与周围的人走得太近持谨慎态度，因为我喜欢伦敦生活所允许的距离感。从小到大，我住在城市的一个区域，并在另一个区域工作，后来更将事业重心放在伦敦市中心的工作室上。我在城市的不同地方有不同的朋友圈。我喜欢这种自由——随着时间的流逝，我能够超越居住和家庭环境的局限，拥有变换和塑造自我身份的能力，也不想承担与其他人维持众多关系的责任。

我自豪于自己的独立，因为在大城市里，需要有一种坚韧的气质才能向前迈进。在公共交通工具上或街上不与人对视，因为那可能会引发冲突；在旅程中与陌生人产生交集也令人疲惫，所以我戴上耳机，与外界隔绝。我学会了在人群中巧妙穿梭而不触碰任何人。在大城市里，游戏规则就是避免接触；而在小镇上，人们会对你微笑或问好，并花时间停下来聊天。在我生命的这个阶段，我已经准备好享受并珍惜与他人的这种连接。

英国文学家罗宾·邓巴（Robin Dunbar）通过研究非人灵长类动物，确信大脑与社群大小之间存在相关性。他得出结论，与认知和语言相关的大脑区域的大小，与所形成有凝聚力的社群的大小有关。人类大脑的进化源于在环境中移动并适应复杂社群的生存需求。

你的经历与他人的生活交织在一起。为了良好运作，你会产生三种类型的基本需求：与自我连接，与他人连接，以及与外界连接。我们越是远离这些基本需求，我们就越容易感到不安。

与他人连接

我们已经在前面关于触觉的讨论中发现，婴儿与照顾他们的人之间有着强烈的依恋关系，这种关系对于大脑的发展至关重要。母亲与新生儿之间的关系从胚胎时期就开始了。新生儿会更喜欢他们母亲的声音，因为他们在子宫里就已经听到了这个声音。当母亲以温暖和善意回应他们时，这种温柔的互动体验可以促进他们的大脑发育。依恋是每个人的基本需求。没有对照顾他们的人的依恋，人类婴儿将无法生存。你也可以将依恋称为"爱"。

在需要合作进行狩猎、采集的原始社会里，孩子常常与父母一同生活在自然环境中，周围还有许多成年人担任着类似父母的角色。孩子的大脑逐渐学会与成年人的成熟大脑同步，实现自我调节。相比之下，在现代社会中，家庭通常由父母和他们的孩子组成一个小单元，女性承担着大部分的育儿和家务工作，这通常会带来巨大的压力。在有跨代支持的大家庭中抚养孩子是我们在搬到城市、远离家乡前的社会组织方式，而女性需要在分娩后得到这种支持来休养，并从那些已经生育和抚养过孩子的长者的智慧中受益。我们原本过着群居生活，在社群中合作共事。如今我们离开社群，但生活常常让人感到充满挑战。

我并非建议回归那个时代，但在我们所失去的东西中，确实有一些值得学习——属于一个能够支持和养育其内部成员的跨代社群，并享受这种归属感所带来的慰藉。

在现代社会中，大多数情况下母亲全权负责孩子的食物、娱乐、关爱及情绪调节，由此给母亲带来的身心负担已被视为常态，但这既不健康也不可持续。这又会给子女带来什么影响呢？我记得小时候目睹了母亲所承受的压力，断定那不是我想要的生活。缺乏支持的母亲角色看起来太过压抑。我有很多朋友有同样的感受，而那些有孩子的朋友也向我坦言，她们感到自己的需求被边缘化了。

与他人及更广阔的外部世界的联系对你的幸福感至关重要。

就像自我调节神经系统一样，如果你和其他人一起生活，你们就会相互调节彼此的神经系统。

我们每个人的大脑中都有多个生物神经网络，负责产生社会认知，即存储和处理来自周围人群的信息。其中包括杏仁核网络，它能够检测和处理吸引我们注意力的关键刺激，例如区分伴侣的声音和路过陌生人的声音。当我们思考他人的感受时，心智化网络就会被激活。当我们思考他人的内心状态时，共情网络就会被激活。当我们思考他人的行为（包括他们的动作和情绪的言语表达）时，运动皮层就会参与其中。这四个网络协同工作，使我们能够在人际关系中实现互动和反馈，这一过程被称为共同调节。

情感共同调节是一个动态且相互的过程，指的是在社会互动中，人们如何相互影响和调节彼此的情绪状态。它包括个体之间的情绪、非言语暗示和共情反应的协调，这些都有助于调节和维持情绪健康。情感共同调节对于培养情感联系和支持至关重要，它意味着人类生活的本质是社会生活，而且面对面的交流更能促进人与人之间的情感联系。孤独往往是情绪困扰的第一步。我们到底是从哪里学到"独立是取得成功的最佳方式"这一错误观念的?

爱或孤独会深刻影响你的身心状态。

与自我连接

你听说过"蜥蜴脑"吗?当你依靠本能做出决策时,你大脑中的这一部分就会被激活,它也被称为"爬行类脑"。据说,这是从爬行类动物祖先时期就遗传下来的特征,早于我们进化成为人类之前。

20 世纪 60 年代提出的"三重脑"的理论认为人的大脑有三层,每一层都是通过进化而产生的。最底层的是"爬行类脑",它完全依靠本能运作。向外一层是"哺乳类脑",是负责情绪控制的边缘系统。最外层是"人类脑",它负责理性思考和推理。该理论认为,大脑进化是导致我们的情感和理性持续内斗的原因。然而,这并不正确,这种关于人类大脑进化的理论已被普遍否定了。

意识到自己并非受大脑中较原始部分的摆布,就无须花费宝贵资源去抑制它。你完全有能力决定如何回应生活中的事件。

你或许已经习得了一些应对方式，但你依然可以用新的应对方式来取代它们。我自己就做到了这一点，我的许多客户也做到了。

有一个你可能很熟悉的例子：内心不断回荡的独白告诉你，你没有足够的钱，你看起来显老、太胖或太瘦，你不够优秀，你与朋友和家人相比不太成功。这段内心独白从未停止，通常一直在重复着关于你有多糟糕的故事。试图击退自己的内心独白是令人筋疲力尽的，你不得不一直关注着它。为了减少这种内心独白，你可以尝试以下两种方法。给它起一个名字（例如某个你不在乎其看法的人），或者想象它有一个滑稽的尖声调。现在，你不再将这个声音视为自己的声音，你可以让它闭嘴，就像如果有人对你说同样刻薄的话时那样。你也可以提醒自己所取得过的辉煌和成就——你将注意力放在哪里，你就将能量放在哪里，关键在于你所关注的事物是什么。

你要能够控制将注意力放在哪里。我们的文化中充满了没想到自己会感兴趣的细节，然而我们记住了这些最平凡的细节，因为它们无处不在。你对詹妮弗·安妮斯顿（Jennifer Aniston）了解多少？就是那个美国情景喜剧《老友记》中的瑞秋。你可能知道她在爱情上不太幸运，但非常富有，喜欢瑜伽，拥有令人羡慕的身材。你知道这些，是因为媒体将这些信息推向了世界，以至于存在一个"詹妮弗·安妮斯顿神经元"，这个神经元在我们每次看到关于她的爱情或生活方式的另一个故事时就会激活。随着社交媒体的兴起，它比传统媒体更密集地提供着信息，你甚至无须主动获取信息。一分钟前，你还在看朋友发的度假照片；下一分钟，你就陷入了另一个信息的漩涡。

社交媒体极大地影响了我们与世界沟通、互动、学习和分享信息的方式。2023 年 1 月，英国有 5710 万个社交媒体用户，其中视频平台最受欢迎，平均用户花费时间为每月 27 小时。移动设备是最流行的获取内容的工具，这意味着你可以在任何地方访问任何东西。数据显示，英国人平均每人每天在手机上花费 3 小时 15 分钟，五分之一的智能手机用户每天在手机上花费超过 4.5 小时。

你的大脑不断受到刺激，神经元整天都在活动，你的注意力受到了严重的攻击，这会重塑你大脑的神经结构。我们在前面的内容中探讨了大脑如何部署你的身体，也就是大脑皮层在身体表面的映射——特别是运动皮层，它规划并使你的肌肉收缩产生运动；以及感觉皮层，它处理并合理化你通过感官收集的信息。这些映射对每个个体都不同，并会根据其生活经历而变化，例如一个钢琴家手部的"躯体定位"就与你的不同，这是因为他频繁地使用手指。这被称为神经可塑性，即一生中改变大脑的能力。

在使用不同的社交媒体平台时，你观看无尽的视频，它们接二连三，并通过弹幕、广告、弹窗、评论和点赞争夺你的注意力。在处理这些信息轰炸时，你的注意力会被分散到多个信息流中，你的大脑处于持续的多任务处理模式，降低了你集中注意力和保持专注的能力。研究人员认为，随着时间的推移，这会缩小大脑中与保持专注功能相关的部分，使你更难忽视干扰，导致认知表现下降。或者说，如果你的注意力持续被各种方式分散，实际上你是在训练大脑变得容易分心。

你越多地使用社交媒体来记录和分享你的经历，就越有可能削弱你对这些经历的实际记忆。社交媒体影响你的交互记忆：处理信息和存储记忆的能力。社交媒体被设计成具有成瘾性，并调节你的社会和情感反应。点赞和积极的评论在你的大脑中创造了一条奖励路径，相反，缺乏点赞或积极的评论会让你感到焦虑、悲伤或抑郁。

虽然自我比较不仅仅存在于社交媒体上，但当你滑动屏幕时，你经历情感处理的速度比你在现实生活中要快得多。研究表明，在线上的积极和消极互动也可以塑造你的线下行为。不允许真实地做自己，陷入持续循环的比较，会导致对现实生活的不满，或者产生永远不够好的感觉。

案例研究：卡莉（Carly）

卡莉因为焦虑问题来找我。她是一名内容创作者，面向公众的工作性质意味着她总是在考虑工作。多年来，她一直与世界各地的知名品牌合作，取得了成功，但这对她的健康造成了影响。她经常因为客户而感到焦虑，这让她很难入睡，因为她的脑子里总是想着日程和截止日期。她倾向于反复思考帖子下面的评论。她告诉我，在她的行业里，你可能很快就跟不上公众的情绪。

卡莉痴迷于快速行动和强烈的体验，她的生活中似乎没有什么是细微的或允许自己安静下来的。卡莉的身体通过紧绷和咬紧下巴向她传递信号，但她没有注意到这一点。随着时间的推移，这种紧绷的习惯变成了反复的肩伤、下巴疼痛，后来还出现了呼吸问题，以至于她有时不得不喘息。

当生活节奏很快时，保持静止可能是具有挑战性的，所以我引导她通过一些练习，让她能够缓慢而有节奏地活动，以安抚她嘈杂的大脑并倾听内心。卡莉现在拥有一套量身定制的可以随时随地练习的方法，这套疗法可以帮助她及时处理情绪，因此她不再试图靠压抑这些情绪来继续工作。她曾经习惯了感到不舒服，以至于不知道还有其他的可能性，但现在她明白了在身体中感到舒适的感觉，并且能够采取必要的步骤去实现这一点。她还在一天中划定了特定的时间段，作为专注于创作内容的时间，并确保每周至少有一天不工作。

她现在能够调节自己的情绪，以打断焦虑的感觉。她睡觉时不再磨牙，睡眠质量大为改善。她的伴侣也变得更快乐，因为他以前觉得卡莉从未真正和他在一起。

我们已经习惯于时刻保持在线，以至于经常在餐馆里看到情侣或家庭成员各自沉浸在自己的世界中，专注于屏幕而不是彼此。如果我的小狗感觉到我没有关注它，它会用爪子把我的手机从我手中推开，而小孩子也知道你的注意力有没有在他们身上。我曾遇到一位科技创业者，他告诉我他年幼的孩子曾经会用手触碰他的脸，期待能得到他的目光。

你的行为会影响你周围每一个人的行为。全心全意地投入当下，对你和与你共同生活的人来说，正变得愈加重要。

如何集中注意力

减少干扰——例如会消耗你的注意力的社交媒体——是全心投入的第一步。我在日常生活中设定了一些用来限制使用手机的规则。我会在晚上关掉手机，直到第二天的查看时间，通常是上午 11 点。安排时间查看手机意味着是你掌控它，而不是让它控制你。我还会将屏幕使用时间限制在每天 30 到45 分钟，并设定专门的时间使用特定的应用程序，这是一种更健康的社交媒体使用方式，可以让大脑专注于一件事情。

我并不经常看电视——在我成年生活的大部分时间里都没有电视。我需要平静地思考、计划和放松。但我会听一些能引发我思考的播客，或者听音乐，去电影院，以及阅读。当我的注意力不被轰炸时，我的表现会更好。

集中注意力可以防止你的大脑因信息过载而疲惫。你的大脑每秒钟会接收到数百万条来自感官的信息，这些信息由特定的神经元处理，大脑不可能详细查看每一条信息。这就是为什么大脑有一系列注意力过滤器，通过判定哪些信息是重要的并相应分配资源，进行选择性处理。

当主动关注某些信息时，它会对大脑的其他部分产生连锁反应。集中注意力的行为涉及一个选择过程，在这个过程中，特定的神经网络变得更加活跃，而其他网络则被抑制，这被称为"选择性注意力"。当负责注意力的神经元对你认为是重要的信息变得敏感时，它们会增强对这些信息的处理。这种增强的活动会导致神经信号增加，并在选定的神经网络内部进行通信。同时，其他竞争性的或不相关的神经网络被抑制，减少它们对认知和感知的影响。研究表明，你如何集中注意力会改变你大脑的结构，使你从过度警觉状态转变为感到平静和深度思考的状态。

在一项研究中，研究人员调查了学习新技能——杂技——对参与者大脑结构的影响。通过磁共振成像技术，他们发现在经过三个月的密集训练后，与视觉运动处理相关的颞叶区域的灰质体积增加了。这些结构变化证明了神经可塑性。这意味着，我们曾经认为大脑在成年后就固定不变，我们的生活也就定型了，但实际上，我们有能力改变自己对事物的反应，或者换句话说，改变自我认知。

另一种提高注意力的方法是冥想，近年来它越来越受欢迎。长期的冥想已被证明可以增加对压力的抵抗力，以及共情能力。

冥想有多种形式，从简单地专注于呼吸，到更复杂的活动，例如观察自己的思维或专注于某个物体。进行冥想练习，首先要专注于呼吸。在整个练习过程中，你会注意到自己的思绪何时游离，而当思绪游离时——它总是会游离——你要将注意力带回到当下的时刻。

然而，我的许多客户感到沮丧，因为他们无法完成冥想，这让他们觉得自己是失败者——尽管这种练习最近变得流行，但并不意味着对每个人来说都很容易。有些人对内在感受高度敏感，有些人则具有敏锐的听觉。如果你与某种特定形式的冥想无法契合，并不意味着你有问题，这只是说明你的神经系统运作方式不同。

我更喜欢不受规则限制的练习，因为规则越严格，我就越难以定期练习。这非常重要，因为那些与冥想不太契合的客户，他们的思维过于活跃，无法静坐；或者对某些人来说，静坐可能会让他们感到不知所措。对一个人有效的方法可能对另一个人无效，而曾经对你有效的方法，在某些情况下也可能不再适用。不同的客户教会了我如何调整我的教学以适应他们。

我更喜欢我的沉思练习是无意识的，而不是有意识的。对我来说，冥想听起来像是陷入了做得更多的陷阱，而无意识则是解放。我喜欢不去思考，在做园艺或在绿树成荫的地方散步时，让我紧绷的思维得到放松；或者乘坐火车，望着窗外，欣赏开阔的风景。让大脑放松对思考、评估和评价你行为的控制，简单地让思绪游荡，也是让大脑休息的有效方式。

你是否注意到，当你停止思考某个困扰你的事情时，反而往往能找到解决方案。我在度假时会有一些启示，而这些在我坐在笔记本电脑前试图想出结果时是不会出现的。工作和学习间歇的睡眠可以增强工作和学习效果，并减少遗忘的可能性。

大脑在休息状态下学习,而不是在积极思考或行动模式下,这与DMN(默认模式网络)有关。DMN是一个大脑区域的网络,当我们没有专注于任何特定事物时,它会处于活跃状态。人们认为它与自我反思、内省和想象力有关。当我们积极思考或做某件事情时,DMN会被抑制,因为大脑需要专注于手头的任务。然而,当我们休息时,DMN就可以活跃起来。

关于大脑为何会在休息状态下学习,有几种不同的理论。一种理论认为,DMN负责创建一个"心理地图",这个地图会随着我们体验新事物而不断更新。当我们休息时,DMN能够理解这些信息并将其存储到我们的长期记忆中。另一种理论认为,DMN与自我反思和内省有关。当我们休息时,我们有时间思考自己,以及自己在世界中的位置。这可以帮助我们作为个体学习和成长。此外,DMN可能还与想象力和创造力有关。当我们休息时,我们可以让思绪自由地游荡。这可能会导致出现新的想法和解决问题的方案。

大脑在休息状态下学习的科学仍在研究中。然而,现有研究表明,这在学习过程中是一个重要的部分。当我们给予大脑休息时间时，它能够巩固记忆、在神经元之间建立新的连接并解决问题。这可以提高认知功能和创造力——这是一种意外的、令人惊讶的增强注意力的方式。

然而，需要注意的是，你不仅要让大脑休息，还要让身体休息。因为有意识地集中注意力的能力也依赖于睡眠水平，而睡眠在保持警觉性方面至关重要。研究表明，睡眠通过两种不同的方式帮助学习和记忆。首先，缺乏睡眠的人无法有效集中注意力，因此学习效率低下。其次，睡眠在记忆巩固中起着重要作用，这对学习新知识至关重要。一项研究使用功能性磁共振成像研究了睡眠剥夺对注意力网络的影响。参与者经历了 24 小时的完全睡眠剥夺，然后在执行需要注意力的任务时进行功能性磁共振成像扫描。结果显示，睡眠剥夺导致注意力表现显著下降，并且大脑的注意力网络内的功能连接和激活模式发生了变化。

如何改变你的神经系统

我们刚刚讨论了很多关于集中注意力，以及使用冥想或无意识沉思练习来增强注意力的内容。如果你想改变你的神经系统，集中注意力是至关重要的。

为什么要改变你的神经系统呢？正如我们在许多案例研究中所看到的，焦虑、压力和其他负面情绪一般是由过去的经历形成的，并且将成为神经系统进行预测的依据。有时你可能认为是由于工作劳累或家庭任务清单太多而感到压力，但也可能你的神经系统产生的不舒服感觉完全是源于其他事情，那些很久以前发生的事情。如果情况是这样，并且这些感觉正在干扰你的生活，那么你需要以不同方式的反应改变你的神经系统。神经可塑性使你能够学习新事物，重新思考并淡化痛苦经历，以适应生活带来的一切。

发展神经可塑性从出生持续到 25 岁，因为你的神经系统需要根据你的经历进行调整，并学习以某种方式反应，来应对你在环境中的生存所需。这个发展过程使你的系统可以形成新的连接并移除不需要的连接。积极和消极的经历在这个阶段都会被嵌入。

然而，当你超过 25 岁，学习能力就不像年轻时那样具有适应性，你必须主动适应新学习以改变你的神经系统。如果你想让你的神经系统以不同的方式反应，你必须以不同的方式学习。

意识到某事发生时自己的感受，是改变你的神经系统的第一步。当意识到你想要做出的改变时，大脑会释放特定的化学物质，使你能够实现这些改变。

我来给你举个例子。我年轻时有咬指甲的习惯，一直咬到流血并且痛上好几天。咬指甲某种程度上让我的思绪得到了分散，它是我尝试感受身体的一个方式，尽管这不是一个可取的方式。随着我成长为一个在城市中有着体面工作的年轻女性，我开始感觉我的手指与我看似自信且掌控一切的形象不符。当时凝胶美甲开始广泛流行，我做了一次全套的美甲，我真正的指甲得以在甲片下面生长。卸掉美甲后，我终于有了自己完整的指甲，并且戒掉了咬指甲这个持续了二十五年的习惯。我能够停止这个习惯，因为我内心不再渴望这种慰藉，而且在这期间我学会了其他安抚自己的方式。然而，在极端情况下，例如父亲去世时，我又开始想咬指甲，因为它是根植于我内心的安抚系统。作为一个成年人，你不会真正忘记习惯，你只是用新的行为来替代它们。

当某些神经化学物质被释放时，神经系统会发生变化，允许活跃的神经元加强或减弱它们之间的连接。如果你思考正在尝试学习的内容和试图放弃的内容，你关注的体验将为此打开神经可塑性的通道。

大脑在专注时释放的化学物质与感受压力时释放的化学物质相同。当你集中注意力时，大脑会释放一种被称为肾上腺素的化学物质；乙酰胆碱是大脑释放的另一种化学物质，它过滤感官输入，并像聚光灯一样放大你所关注的事物。这些化学物质的结合将使你的神经系统发生变化。因此，你可以看到，关注自身感受的能力，对安抚你的神经系统具有巨大的影响。

与外界连接

我们的消费文化在欺骗我们。它通过让我们对自己和外界感到不满，来推销我们本不需要的东西。我们中的许多人通过购买产品和体验来填充生活，赋予其意义，却在自我反思上花费很少的时间。这使我们变成了被动的消费者，试图维持一个想要向外界展示的自我形象。这使我们与真实的自我脱节，进一步削弱了自身的力量。但重要的是要记住，你可以在社会、政治、经济和生态上与外界建立联系。

你难免会感到疲惫和麻木，并试图通过购买更多的东西来安抚自己。那种刺激感持续的时间很短，然后你又会渴望下一个物品。围绕着"不够"的观念，众多行业应运而生。从美容行业到时尚和生活方式领域，所有这些都在推着你不断追逐。有时，当我感到生活乏味时，我会购买昂贵的裙子，并与我衣橱里的其他衣物搭配试穿；然后我把它们退回，因为那种短暂的刺激感已经足够了，它已经满足了我的渴望。刺激感来自手中拥有新东西的感觉。我已经学会了，除了购物，还有很多其他方式可以安抚自己，而且这些方式是可持续的、能够滋养身心的。

抵制这种主流信息——认为你需要通过购买东西来让自己感觉更有活力——将使你能够重新掌控自己的幸福和生活乐趣。你的行为很重要，你如何花钱也很重要。在锻炼你与外界连接的能力时，审视你的购买行为所带来的广泛影响至关重要。

谁制作了你购买的那条裙子？很可能是世界另一端的某位女性，她没有得到多少报酬，也没有更好的就业机会。全球每年产生 9200 万吨与服装相关的废物，其中包括 50 万吨微塑料，而 57% 被丢弃的衣物最终被送往垃圾填埋场。英国的服装消费量超过了欧洲其他国家。

你可能听说过"因果"的概念，它指的是你的行为和后果之间的关系。你的行为会在你接触的人身上留下痕迹，无论是在你的社区还是在更广阔的世界中。这关乎你如何与周围的世界建立联系，以及你如何在世界中生活。

现代的精神实践已经被它们曾经给予救赎的文化所吸收。企业利用"正念疗法"来保持员工的生产力；以提升抗压等精神能力为卖点的产品正在被制造出来，以吸引"Z世代"。我们似乎在无休止地追求自我提升，而不是照顾好自己以便更好地照顾他人。

我见过一些练习瑜伽多年的人。他们坚持冥想、跑步和锻炼，但仍然感到与自己、家庭、工作及生活的意义脱节。这种意义并不一定与他们所做的事情有关，而是与他们所持有的价值观有关。我有客户因为工作过度而精疲力尽，以至于在某个时刻想不起自己为何如此努力工作。

我越是与人们共事，就越坚信，连接是安抚神经系统的必要途径。这种连接首先是与自我，其次是与他人、与外界，以及与脚下的土地。

连接练习

你可以躺在地板上进行以下练习，也可以躺在毯子上或瑜伽垫上进行以下练习。

1. 躺下时，让你的手臂和腿充分伸展。头部和膝盖下方尽量不要放任何东西，这样你可以感受到身体与地板充分接触。

2. 注意躺在地板上的感觉。将注意力集中在身体与地板接触的部位。让你的意识缓慢地从后脑勺向下游走，经过颈部，直到肩胛骨，然后感受到与地板接触的肋骨。接下来你感觉到什么？是骨盆的后部，还是大腿的后部？继续往下呢？是小腿的后部，还是脚跟？身体的左侧与右侧对地板的压力有什么不同？

3. 想象一下，如果你躺在记忆海绵上：身体的哪些部位会陷入得更深？

4. 保持平稳而缓慢的呼吸。感受后脑勺与地板的接触。然后非常轻柔地，在不打扰呼吸的情况下，使后脑勺向地板施加压力，然后轻轻释放压力。这是一个渐进的动作，而不是突然的。就像你在慢慢调高电视音量，然后再调回去。慢慢重复这个动作几次。确保你感到舒适，并且这个过程是轻松的。

5. 完全放松身体，然后按照肩胛骨、肋骨、骨盆、小腿、脚跟的顺序，依次进行先对地板施加压力，再释放压力的练习。注意在不同部位的练习之间充分休息。

6. 按照脚跟、小腿、骨盆、肋骨、肩胛骨、后脑勺的反向顺序，依次进行先对地板施加压力，再释放压力的练习。注意在不同部位的练习之间充分休息。

7. 重复步骤 4 ～ 6 的过程。注意在不同部位的练习之间充分休息，同时注意保持平稳而缓慢的呼吸。

8. 完全放松身体，注意现在身体与地板的接触，以及你的呼吸。你感觉如何？更有连接感了吗？这正是我们的目的。

在本章中你学到的内容

- 作为人类，我们需要与自我、他人和外界建立联系。
- 你无法控制世界上的混乱，但你可以控制自己对事物的反应，通过你所给予的注意力。
- 你与周围的人共同调节自己的神经系统。如果缺乏他人对我们情绪的调节，我们的宽容、耐心和共情能力都会减弱。

你已经学到了很多关于大脑和身体如何连接，以及作为一个协同的系统共同运作的知识。接下来，让我们回顾一下安抚神经系统的原则。

09

安抚计划
的原则

你必须理解生活的整体，而不仅仅是其中的一部分。这就是为什么你必须阅读，必须仰望天空，必须唱歌、跳舞和写诗，以及必须经历痛苦并领悟，因为这些都是生活的一部分。

——克里希那穆提（Krishnamurti）

在前面的章节中，你了解了自己的身体，以及如何感知它；你发现了新的感官，以及它们如何协同工作，以帮助你的大脑构建出更完整的自我图景；你知道了放慢呼吸节奏会改变你的情绪，触摸是可以直达心灵的，运动关乎我们在世界中的存在，休息与行动同样重要，以及营养充足会让你感觉更好；你学会了与自己建立连接，这将帮助你与他人和外界建立连接。

现在你对神经系统的运作有了整体的了解，并对你与它的关系有了更深入的认识。可以反复阅读前面的章节，这样每次你都能吸收更多的信息，并更好地感受自己的身体和精神。尝试前面介绍的练习——可以按照顺序进行，也可以根据自己的喜好进行——所有这些练习都旨在教你如何将内在感受与外在自我相连接。

为了巩固所学内容，下面提供"安抚计划"的核心原则，这些原则可以作为我们前面所探讨内容的总结和参考。

- **采用自下而上、自上而下、由外而内的方法**：通过全面的方法培养身心健康所需的良好能力。通过运动、呼吸、睡眠、营养和激素平衡，采用自下而上的视角，关注身体发出的信号。通过冥想、沉思和自我反思等实践，采用自上而下的方法，探索思想、情绪和信念。重视由外而内的互动（如社会支持、社交、教育和环境）对整体健康的影响。

- **培养身心运动**：参与有益于大脑和身体的运动实践。认识到身体健康与心理健康之间的相互联系，优先选择能激发好奇心的运动，通过有意识的运动培养你与身体之间的和谐关系。你的自我形象包括你的生理、感受、情绪、思想、行动和行为。你如何行动，反映了你如何生活。专注于在运动中调整你的骨骼，使它们处于正确的位置，这对于实现最佳运动效率、保持稳定性和预防伤害至关重要。

- **通过体验学习**：通过感知、想象、好奇心和触觉进行体验式学习。通过积极参与自我探索，可以加深对自己的理解，提高运动效率，并增强我们的本体感觉。

- **休息是必要的**：在你的生活中认识到休息和恢复的重要性。理解休息是一种必不可少的自我照顾行为。在你的日常安排中加入休息、恢复和放松的时间，以重蓄能量，促进身心的疗愈。利用运动和呼吸来安抚你的大脑。理解运动能直接影响你的大脑功能和情绪状态。参与促进放松、减轻压力和提升思维的运动。认识到行动之间的过渡和行动本身一样重要，在行动之前优先安排暂停、恢复和重置的时间，以给自己更明确的目标和更清晰的思路。

- **代谢你的情绪**：理解运动可以是处理和释放情绪的强大工具。当你感到压力时，选择运动作为一种合适的处理方式，以支持情绪的释放和化学物质的代谢，促进整体健康。培养对身体紧张的意识，一旦身体出现紧张，及时释放它们。

- **采取拓展与收缩的策略**：靠近那些让你感到成长、拓展的人、事物和挑战，同时有意识地远离那些让你感到畏惧、收缩和限制的因素。

这些原则使你能够培养与自己的共情能力，促进身心健康，并提高生活幸福感。

有用的探究点

- **注意你的身体**：你正在经历什么样的身体感觉？你感到紧张、放松，还是完全没有感觉？

- **注意你的思想**：你在想什么？你的想法是消极的、积极的，还是中性的？

- **考虑背景**：你现在的生活中发生了什么？你是感到压力、快乐，还是其他情绪？

- **使用具体的语言**：与其说"我感到压力"，不如尝试说"我对今天的考试结果感到焦虑，脑海中充满了担忧，这让我呼吸变得急促"。这样可以更清楚地知道你可以采取什么行动来恢复平静。

- **你在身体的哪个部位感受到这种情绪？** 首先关注这个身体部位。闭眼仰卧是安抚神经系统的一个好方法。

- **要有耐心**：找到合适的词语来描述你的感受，并更好地描述你的情绪，需要时间。如果一时找不到合适的表达，不要放弃。

第二部分

安抚计划

日常实践

The Soothe
Programme
– Daily
Practice

10

清晨

你在一个良好的夜间睡眠后醒来。你的大脑得到了休息，你感到焕然一新、精力充沛、思维敏捷，这是练习 6：6 呼吸的最佳时机。将新习惯融入生活的一个好方法是将其与已有的习惯结合起来，例如我的呼吸练习是在刷牙之前进行的。在任何可能分散我注意力的事情发生之前，我会坐起身来，直接开始呼吸练习。我睡觉时不会把手机带进卧室，以避免早晨第一件事就想查看社交媒体，或者受到信息的打扰。

从每天进行五分钟的呼吸练习开始，并在几个月内逐步增加到每天二十分钟。持之以恒至关重要，因为这是改变你神经系统的基础。呼吸练习能增强思维的清晰度，为接下来的一天做好准备。

你越是习惯早晨以这种节奏进行呼吸，就越容易将其融入日常活动中。以下的关节活动简单易学，适合在早晨与呼吸练习结合进行。如果你能在花园或公园进行这些练习，那么你就能一次完成三项关键的活动：呼吸、运动和感受阳光。

关节活动练习

1. 以舒适的站立姿势开始，双脚分开至与肩同宽，膝盖微微弯曲，手臂自然放在身体两侧。闭上眼睛，深呼吸几次，让自己平静下来。

2. 从头到脚轻轻摇晃身体，释放任何紧张或僵硬。持续三十秒至一分钟。

3. 现在，将注意力转向你的脚踝和脚。将一条腿向后迈一步，轻轻地旋转脚踝。确保你的脚趾前端和两侧都能得到滚动，并将脚趾向内蜷缩——这样可以确保你的脚趾关节也能得到滚动。每个方向重复五至十次旋转。然后，用另一只脚重复同样的动作。

4. 将注意力转向你的臀部和膝盖。双脚与髋部同宽站立，双手放在腰上。慢慢以圆周运动旋转你的臀部，每个方向进行五至十次旋转。

5. 现在微微弯曲膝盖，然后轻轻伸展。在保持身体放松和不抬起脚跟的情况下，持续屈伸膝盖约三十秒。

6. 将注意力转移到你的脊柱上。微微弯曲膝盖，将手放在下背部，手指指向脊柱。然后轻轻地将你的躯干从一侧扭向另一侧。保持双脚着地，每个方向进行五至十次扭转。

7. 将注意力转移到你的颈部和肩部。慢慢地将肩膀向上提，然后向后、向下做圆周运动，进行平滑的旋转。重复这个动作五至十次。然后反转方向，将肩膀向前、向下、向后、向上旋转同样的次数。

8. 将注意力转向你的手腕和手。将手臂伸直在你面前，手掌朝下，轻轻握拳。慢慢地以圆周运动旋转你的手腕，先朝一个方向，然后朝另一个方向，每个方向进行五至十次旋转。

9. 现在，微微弯曲膝盖，将手臂举过头顶，用一侧的手（施力手）抓住对侧的前臂，使对侧肘关节向施力手一侧弯曲。让肋骨向施力手一侧靠拢，打开对侧肋骨之间的空间。恢复站立，松开并交换手臂，在对侧重复动作。

10. 全身摇晃约三十秒。最后，静止片刻，并做几次深呼吸，注意身体的感觉。

这个活动练习将帮助你为即将到来的一天提神，使你从躺着的状态过渡到更活跃的状态。你能否走到外面——也许是走路去上班，或者送孩子上学？尽量在你的一天中多安排一些户外步行。

在使用笔记本电脑时，至少每隔二十分钟让眼睛休息一次，理想情况下，还要进行全身休息。可以试着望向窗外，让眼睛看向远处；也可以用双手手掌轻轻捂住眼睛，放松眼眶周围的肌肉。

眼部活动练习

先熟悉一下这个练习，然后在闭眼的状态下进行。

1. 闭上眼睛，慢慢地让眼球在眼眶中向左转动，回到中心，然后向右转动。动作要轻柔，不要拉伸或用力挤压眼球。在转动时，感受眼球的前面、侧面和后面。你的眼球在转动时感觉顺畅吗？左眼球的转动是否比右眼球更灵敏？你能否将两个眼球的转动节奏匹配起来？

2. 让眼睛回到中间位置休息。慢慢地让眼球转向眼眶的左上方，然后沿着对角线转向右下方。沿着这条线重复几次，感受两个眼球在这个方向上转动的顺畅程度。

3. 现在将两个眼球转向眼眶的右上方，然后转向到左下方，并沿着这条线重复几次。如果你动作过快或过猛，大脑将无法接收到来自眼睛、面部和身体其他部位的重要信号。

4. 慢慢地让眼球描绘一个平滑的数字 8，8 中间的交叉部分在你的鼻子上方。可以从左侧或右侧开始，选择你觉得最舒服的一侧，先画一个小的 8，以免在任何方向上拉伸眼球。

5. 完成后，深呼吸，慢慢睁开眼睛。注意你此时的感觉。

刚开始进行这些眼部活动时可能会感觉笨拙，但随着时间的推移，你会发现动作变得更加流畅。保持小幅度动作，把注意力放在感受上，当注意力分散时休息，并进行深呼吸。

在座位上

我们比祖先坐的时间要多得多，这意味着在就座期间加入运动至关重要。

1. 想象你正坐在一个钟面上：十二点在前方，六点在身后。

2. 使用小幅度的动作，让骨盆在十二点和六点之间滚动，让你的脊柱（包括头部）跟随这个动作。让你的鼻子与你的耻骨朝相反方向移动：当你滚动到十二点时，你的鼻子向上移动；当你滚动到六点时，你的鼻子向下移动。

3. 现在让骨盆以围绕钟面的方式顺时针运动。将你的手放在腿上，手掌朝上。注意你的肋骨也是以顺时针方向运动。让你的脊柱跟随骨盆的运动而动，使得这个动作能够流畅地传递到你的头部，让头部也随之运动。

4. 休息一下，然后坐直，注意你现在对骨盆、背部、肋骨、肩膀、脖子和头部的感觉会更加明显。

5. 反转方向，现在让你的骨盆以逆时针方向运动。

6. 休息并注意你的感受。

这个练习的妙处在于，你可以简单地练习骨盆从十二点到六点之间的动作，这样没人知道你在做什么。其实，我也会鼓励我的客户不要在意在公共场合看起来很奇怪，因为关爱自己是一种有益的行为，你只需无所畏惧地抓住日常生活中练习的机会。

11

中午

你已经保持同一个姿势工作了一上午，所以是时候放下手头的事情休息一下了。如果可能的话，出去走走，尤其是在绿地上，这会让你的身体活动起来，同时让你的大脑和眼睛得到休息。尽量不要用不断滑动手机屏幕来填充你的时间。如果你能放下手机就更好了——目标是每天至少有几小时不使用手机。我已经养成在一天中的特定时间检查手机和电子邮件的习惯。这意味着我可以专注于深度工作，并可以进行间歇性休息。

让你的身体进行短暂的活动。可以是摇晃、在地板上轻轻跳动，或者做下面的手臂摆动练习。

直升机式手臂摆动练习

1. 脱掉鞋子站立，脚部放松，膝盖微微弯曲。
2. 将手臂举向天花板，不要完全伸直。
3. 选择一只手臂，向后画圈，就好像你在空中画圈一样。
4. 让另一只手臂朝相反方向画圈。让这个动作在你身体中流动——这意味着你的躯干，包括胸部和腹部，会随着两只手臂相反方向的旋转而一起摆动。
5. 让你的手臂静止，感受你的躯干、手臂和手指。
6. 交换两只手臂的旋转方向。

以相反方向移动手臂对你的大脑有益，同时能够活动你的胸部、手臂和头部，使你摆脱习惯性的运动模式。

时钟式手臂摆动练习

1. 站在墙边，身体右侧尽量紧贴墙面，然后用右臂在墙上画一个圆。当你需要将右臂伸到身后时，你的躯干会转向墙面，然后会再转回来——这个动作是从腰部向上发力的。

2. 让右臂自然下垂，用右肩、右臂及尽可能多的右腿和右脚与墙面接触。想象墙上画着一个钟面：你的头在十二点，脚在六点，前方是九点，后方是三点。

3. 你的右臂就像时针：当贴着你的身体时，就是六点位置。慢慢地将右臂沿着墙面滑动，右手背贴墙，从六点位置滑到七点位置再滑回六点位置。当右臂离开六点位置时，用右髋部顶住墙；当右臂回来时，移动右髋部为右臂腾出空间。

4. 这样做几次。动作要慢，保持右臂和右手背沿着墙面滑动，因为这种反馈对你的大脑很重要。

5. 将右臂滑到八点位置，再经过七点和六点位置滑回。这样做几次，右臂回到六点位置时休息。

6. 将右臂滑到九点位置，再经过八点、七点和六点位置滑回。这样做几次，右臂回到六点位置时休息。

7. 将右臂滑到十点位置，然后滑回六点位置。这样做几次，右臂回到六点位置时休息。

8. 将右臂滑到十一点位置，然后滑回六点位置。这样做几次，右臂回到六点位置时休息。

9. 将右臂滑到十二点位置，然后滑回六点位置。这样做几次，右臂回到六点位置时休息。

10. 将右臂滑到十二点位置，翻转手腕，使掌心朝向墙面，并让胸部向墙面转动。继续滑到一点位置，然后翻转手腕，通过十二点滑回六点位置。过程中保持右臂伸展，但不要拉伸。

11. 保持你的身体右侧尽量紧贴墙面。你的骨盆和膝盖应该保持朝前，转动动作来自你的腰部以上。

12. 就这样慢慢地，右臂沿着墙面滑动，将胸部转向墙面，找到两点、三点、四点、五点和六点的位置，然后通过十二点滑回六点位置。现在你正在用右臂在墙面上画一个大圆，允许你的躯干转向墙面。

13. 当你在钟面上转了几圈后，让右臂垂下，离开墙面。

14. 换成用身体左侧尽量紧贴墙面，以反方向重复之前的动作。过程中避免动作过快或直接画到完整的圆。感受手臂滑动到每个小时位置再回来的过程，以及你的胸部、腋窝、腹部、腰部和肋骨如何张开和转动，以适应手臂的环绕。

口腔练习

当你使用笔记本电脑时，你的头部、眼睛和颈部经常会被固定在同一个姿势——头部向前伸出，眼睛紧盯着屏幕，颈部后侧收缩，肩膀耸起，屏住呼吸。让我们来解开这个僵硬的姿势。

1. 站立，最好不要穿鞋。注意你的站姿：是否含胸驼背？哪里承受重量，是颈部、背部，还是膝盖？拇趾一侧还是小脚趾一侧着地？你感到哪里紧张或疼痛？

2. 注意并感受你的口腔。你是否紧绷着下颌？舌头被咬住了吗？

3. 现在坐在座位的边缘。注意你的呼吸，并在整个练习中保持吸气和呼气节奏。

4. 将舌头移到上排牙齿的前面，保持嘴唇轻轻闭合，慢慢地将舌头滑向右侧，直到到达右侧上颚的最后一颗牙齿。将舌头滑回中间。重复这个动作，将舌头从中间滑到右侧，感受每颗牙齿的表面：让你的舌头在每个弧线、缝隙和凸起上滑动。

5. 现在放松舌头和口腔。注意你口腔右侧的感觉如何，舌头感觉如何？

6. 现在将舌头放在下排牙齿的前面。将舌头从中间滑向右侧，直到到达下排的最后一颗牙齿，然后再滑回中间。这样重复几次，让你的舌头感受到每颗牙齿的表面。

7. 现在放松舌头和口腔。注意你口腔右侧的感觉是否有变化?

8. 将舌头放在上排牙齿的前面中间位置，滑向右侧上排的最后一颗牙齿，然后滑到右侧下排的最后一颗牙齿，再滑到下排中间的牙齿，然后回到上排中间的牙齿。如此顺时针方向滑动舌头，重复几次。

9. 放松舌头和口腔，注意你现在的感受。

10. 用舌头顶住右侧脸颊，释放。然后重复几次，休息。

11. 现在将舌头顶住右侧脸颊，按照顺时针方向画圈。放松舌头和口腔。然后按照反方向画圈。

12. 休息。注意你口腔右侧的空间。右侧脸部的感觉比左侧更明显吗?

13. 站起来，感受你身体右侧的状态。左侧的感觉如何?是不是感觉稍微重一点、下沉一点?

14. 回到坐姿，探索左侧的牙齿和脸颊，按照上述相同的步骤进行。在每个步骤中间休息。

15. 当你完全探索完左侧的口腔时，让舌头按照顺时针方向从左到右绕行整个口腔，然后再按照逆时针方向绕行几次。

16. 休息。注意你的面部、下颌、口腔和舌头的空间感。站起来，并感受自己是如何从地面上抬升和远离的。

一旦你学会了这个练习,你可以在任何地方、任何姿势下进行。我每天在写作时都会练习它,帮助我梳理思路。在我要接受采访之前,我也会做这个练习,因为它能刺激我的面部和舌头,为上镜和说话做准备。它还有助于锻炼面部肌肉,抬起下颌,这是另一个值得经常练习的好理由。

除了正式的练习,如果有什么让你感到焦虑或压力,记得随时安抚自己。我称这些为"微安抚练习",以缓解你日常中遇到的微小压力。例如你收到了一封让你屏住呼吸的电子邮件时,不妨站起来,摇晃一下头或肩膀,或者出去走走,以某种方式活动一下。记住,经历微小压力而不采取行动,会导致肌肉紧张,并会影响你的情绪。要确保随时将这种压力从身体中释放出去。

试试这个微安抚练习

1. 坐姿,双手交叉,掌心朝后放在腹部。
2. 注意你的呼吸。使拇指保持在腹部,吸气时,将手掌向上向外翻转,小指一侧上抬。呼气时,回到起始位置。
3. 这样重复几次。如果有人在看你,他们不会察觉你在做什么。

4. 休息一下，注意你的感觉。

5. 回到起始动作，但这次在吸气时，轻轻抬起下巴，在呼气时放松下巴。这样重复几次。这同样是一个微小的动作。

6. 现在放松双手，注意你的感觉。

我明白当你在办公室与其他人一起工作时，这些练习可能会让你看起来有些奇怪，但它们也会让你感到更加平静。你也可以去洗手间或会议室练习，或者还可以把这些练习教给同事，一起练习，帮助彼此调节情绪。你做得越多，就越能让自我关怀变得常态化。

1 2

夜晚

如果你整天都保持同一个姿势，现在是时候活动一下了。走一段路回家，或者一到家就放一些你喜欢的音乐，随着音乐活动，摇晃手臂和腿。不妨让家人一起参与——这是一个愉快的方式，让彼此在一天的分离后重新连接。在通过身体释放了一天的疲惫后，你和家人将能够进行更丰富的对话，而不再专注于白天遇到的问题。

在工作结束后留出一些时间，进行十五到二十分钟的活动练习，可以帮助你在忙于家庭和生活之前重新校准你的神经系统，以便更好地照顾自己和家人。

我们大多数人在大部分时间处于"行动"状态，需要重新学习如何停下来。你可以通过放慢动作、减少活动量，并让动作本身的感觉来引导自己，帮助自己从工作日的状态过渡到一个重拾自然的状态，让你能够如实地面对生活的展开。

跨步摆动练习

可以尝试这个简单的跨步摆动练习。

1. 采取一个跨步站立的姿势，腰部前倾，就像要坐在高凳子上一样。
2. 想象你用双手抱着一块大石头。现在想象你正在扔掉这块石头，先向左扔，然后向右扔。摆动到一侧时，让你的肩胛骨在肋骨上滑动，同时让对侧的脚跟抬起。在摆动到对侧的过程中，你的膝盖会自然弯曲。想象这块石头的沉重，这迫使你屈身将其摆动到一侧，然后再摆动到另一侧。整个摆动过程应该感觉流畅而自由。
3. 两侧交替摆动六次，找到节奏。

双手交叉滚动练习

1. 躺在地板上。注意你身体的哪些部分感到放松，哪些部分感到紧张和僵硬。深呼吸几次，让气息进出你的腹部。

2. 膝盖弯曲，双手交叉放在胸前，保持肘部贴地。

3. 轻轻抬起右肘，离开地面一点，然后再放下，保持双手在胸前。休息一下，然后再试一次。每次抬起肘部时，应该感觉更轻松、更舒适。

4. 注意右侧锁骨的运动。注意右肩胛骨的变化：它是远离脊柱，还是向脊柱靠近？与左侧肩胛骨有何不同？

5. 现在放松，双臂放在身体两侧，先将一条腿伸展出去，然后再伸展另一条腿。你与地面接触的感觉如何？与刚开始时有何不同？

6. 嘴巴张开，让下颌放松，然后慢慢还原。这样重复几次。

7. 嘴巴张开，将下颌向左侧滑动，然后再滑回。这个动作要缓慢，在感到拉伸或用力之前停止。注意是下颌骨移动，而不是嘴唇或面部皮肤移动。

8. 现在弯曲膝盖，双手交叉放在胸前，嘴巴张开。抬起右肘的同时，下颌向左滑动，然后在下颌滑回时将右肘放下。

9. 回到起始位置时休息，此时右肘再次贴地，嘴巴闭合，下颌处于中间位置。重复这个动作几次，每次应该会感觉更轻松、更舒适。

10. 双腿伸直休息，注意右侧上背部与左侧上背部感觉的对比。

11. 膝盖弯曲，双手交叉再次放在胸前。这次抬起和放下左肘。切换到这一侧的感觉如何？动作要慢，幅度要小，保持呼吸平稳，这样你可以感受到身体在地面上的重心转移。

12. 双腿伸直，当抬起左肘时，下颌向右侧滑动；当左肘放下时，让下颌滑回。这样重复几次，回到起始位置时休息。

13. 嘴巴张开，让下颌稍微下垂，抬起右肘，头和眼睛向左转动，同时将下颌向左滑动。右肘放下时还原，重复几次，让所有看似不同的动作和谐地结合在一起。

14. 用左肘重复这个动作，让头部向右转动，下颌滑向右侧。左肘放下时还原。重复几次。

15. 再次弯曲膝盖，将脚放在地面上，双手交叉放在胸前。抬起右肘，头和眼睛向左转动。保持脚在地面，膝盖向左倾斜，然后将所有动作还原。这样重复几次。

16. 保持相同的准备动作，但这次慢慢将手掌旋转向外，伸展手臂，同时身体向左侧滚动。然后将手臂旋转回来，身体反向滚动回到地面，手掌再次放在胸前。重复几次这个动作，找到最舒适和放松的方式。

17. 反向重复步骤 15 ~ 16 几次。

18. 现在完全放松，双腿伸直，双臂自然放在身体两侧。注意你现在哪些部位接触地面，和之前有什么不同，你的呼吸如何，你现在感觉怎么样。你会发现，工作日的感觉现在已经变得遥远，你可以继续你的家庭生活，并拥有一些思考的空间。

我通常在计划睡觉前至少一个小时开始做睡前准备。例如我希望在晚上 10 点上床，所以我需要在晚上 9 点开始准备。我会躺在地板上，释放任何紧张情绪，这样在上床后我能更容易入睡。

摇晃脊柱练习

1. 躺在地板上，让全身骨骼放松下来。开始感受你的呼吸，感受你在地板上形成的轮廓：想象如果你躺在记忆海绵上，你会留下什么样的轮廓。

2. 在地板上轻轻摇晃你的身体。

3. 放松，感受身体的舒展。

4. 双膝弯曲，将脚放在地面上，双臂自然放在身体两侧。

5. 慢慢开始用双脚压向地面，感受骨盆变得轻盈，但不要将其抬离地面。然后逐渐放松，让骨盆再次沉回地面。这样重复几次。

6. 现在只用一只脚压向地面，让该侧的髋部离开地面（同侧的膝盖向前移动，而不是内收）。当你释放这只脚的压力时，让髋部落回地面（髋部是横向移动，而不是垂直升降）。

7. 现在用另一只脚压向地面，让另一侧髋部也离开地面。然后释放这只脚的压力，让髋部回落。

8. 交替使用双脚，使两侧的髋部来回移动。现在加快节奏，使其类似于摇晃的动作，同时让头部与髋部朝同一方向移动。

9. 暂停并休息。

10. 现在再次进行整个动作，但这次让你的头部与髋部朝相反方向移动。不要强迫你的头部，而是让它懒散地在地面上移动。这个动作能放松脊柱、骨盆、头部和颈部，为休息做好准备。

睡前呼吸练习

1. 仰卧在床上，调暗灯光。吸气，然后放松呼气，给每次呼吸留出足够的时间。

2. 将双手放在腹部，两根拇指分别置于肚脐两侧且中间留出一定的空间。手指自然舒展，就好像双手之下有一个呼吸的气球。

3. 当你吸气时，腹部向上隆起，向双手扩展；当你呼气时，腹部轻柔地远离双手。这是一种柔和的呼吸。在吸气时，想象每只手的拇指与食指之间的空间变宽，在呼气时变窄，就好像你的手指随着呼吸的节奏在移动。你并不是在强迫这一切发生——你只是感知它的发生。

4. 休息，保持双手在原处，让它们跟随腹部运动。

5. 现在将双手放在两侧的肋骨上。保持拇指和食指之间的空间。当吸气和呼气时，感受拇指和食指之间的空间变化。

6. 休息，保持双手放在原处，感受肋骨的运动。

7. 将你的双手放在锁骨下方，手指之间留有适当的空间。参考前面的步骤练习。

8. 将你的双手放在身体两侧，注意在吸气和呼气时腹部、肋骨和胸部的运动。慢慢放松，享受一个安静的夜晚。

1 3

情绪救援

当你的日常生活节奏被打乱时该怎么办？客户经常告诉我，当他们因工作或娱乐外出时会停止练习，因为新的事物占据了注意力。这是完全可以理解的，但关键在于让安抚练习成为你生活的一部分，这样无论你身在何处或在做什么，你都能保持最佳状态。

我在飞行后或离家在外时做的第一件事就是脱掉鞋子，将脚放在地面上。在飞行或长途奔波后，我需要进行这种"接地气"的仪式。当你长时间保持同一姿势时，你的肌肉会紧张，你会失去对身体细微的感知，这会影响你的行动方式，进而影响你的情绪和思想。

脊柱滚动练习

一个好的开始是关注你的感觉。

1. 躺在地板上。
2. 双腿伸直，双臂放在身体两侧，集中注意力在你的呼吸上。感受你的腹部在吸气时上升，呼气时下降。
3. 从你的头部后方开始，想象你的脊柱曲线穿过颈部、肩胛骨、肋骨、背部和骨盆。重复想象几次。
4. 一次弯曲一个膝盖，并将脚放在地板上。感受弯曲膝盖时你的脊柱曲线如何变化，以及你在地面上的重量如何转移。
5. 保持骨盆在地面上，将尾骨从地面上抬起并释放。这样重复几次。
6. 轻轻将你的骨盆向上滚动，直到感觉到骶骨。慢慢重复几次这个动作，感受骨盆如何运动，以及如何自然回到原位。

7. 从骨盆开始向上提，直到最下方一根肋骨，然后慢慢回落。你的骨盆会稍微离开地板，但不要刻意向前推，让它自然悬空。想象你的下背部的腰椎逐渐离开地板，然后再慢慢回落。重复几次，感受脊柱的运动。休息。

8. 将双腿依次伸直，平躺，保持四肢舒展。感受你的脊柱曲线有何变化，以及骨盆现在所处的位置。

9. 再次屈膝，脚掌平放于地板，慢慢从骨盆开始向上提，直到肩胛骨下端的位置，然后通过肋骨、下背部、骶骨和尾骨慢慢回落至地板。重复几次，感受每节脊椎如何从地板上抬起，再落回。完成后休息。

10. 现在，尝试从骨盆开始一直向上提，直到肩胛骨顶端的位置。确保你的注意力集中在肩胛骨上，而不是颈部。然后让上提的部位依次慢慢落回。

11. 休息一下，依次将双腿伸直，让自己在地板上完全放松。注意你现在的感受，以及你与地板接触的变化。

丝带呼吸练习

人在感到焦虑或压力过大时，会本能地进入一种自我保护的状态，首先要做的是打断这种状态。尝试这个练习，来中断那些焦虑的念头。

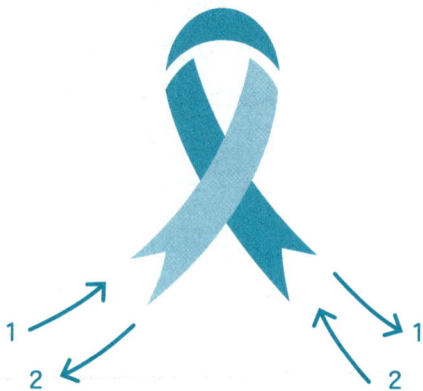

丝带呼吸练习示意图

1. 用你的手指描绘一个想象中的丝带（如上图所示）的形状。

2. 从丝带的左端开始。当你吸气时，用你的手指从左下角画到顶部；当你呼气时，再从顶部画到右下角。然后，当你再次吸气时，从右下角画到顶部；当你呼气时，从顶部画回左下角。这样就完成了一轮。

3. 重复八轮，最后一轮以呼气结束在丝带的左端。

自我拥抱练习

在经历一段时间的高强度专注或保持固定姿势后，我会使用
这种自我拥抱的方法，重置我的头部、颈部和肩部。

1. 躺在地板上，四肢伸展。注意你躺在地板上的感觉，
   以及你感觉到的位置。

2. 现在弯曲膝盖，将脚放在地板上。将右手放在左腋下，
   左手放在右肩上。让肘部放松。

3. 用右手轻轻将左肩胛骨向左侧移动一点，同时用左手
   将右肩胛骨向右侧移动一点。你的双手承托着肩胛骨
   的重量，使它们向相反方向移动。保持骨盆相对静止，
   不要左右摇摆，也不要让自己僵硬。

4. 休息一下，把手臂自然地放在身体两侧，双腿依次伸
   直。注意你现在的感觉，以及你与地板接触的方式有
   何变化。

5. 再次弯曲膝盖，将脚放在地板上。回到相同的姿势，
   右手放在左腋下，左手放在右肩上。开始在地板上滚
   动你的背部，用你的手拉动肩胛骨先向一个方向滚动，
   然后向另一个方向，让你的头部随着肩膀滚动。注意
   不要主动滚动头部，它应该像保龄球一样重。这样重

复几次。感受你的眼球如何在眼窝中滚动。

6. 休息时，手臂放在身体两侧。

7. 将手臂恢复到相同的姿势，再次开始滚动，但这次头部与肩膀反向滚动。保持动作幅度小而缓慢，并注意这种感觉。

8. 休息，让手臂和腿自然地放在身体两侧。感受你现在与地板的接触方式。

9. 重复以上动作，但这次左手放在右腋下，右手放在左肩上。

下面是一个更简单的版本，当你需要安慰和稳定时可以进行以下尝试。

1. 坐在地板上。

2. 将右手放在左腋下，左手放在右肩上。

3. 在这个姿势下呼吸，呼气时间比吸气时间稍长——吸气数到 6 秒，呼气数到 8 秒。

叹息练习

这个练习可以快速降低你的压力水平。

1. 通过鼻子吸气，尽量多吸入一些。

2. 现在张开嘴呼气。

3. 重复这个动作三次。

以上练习将帮助你解决许多不同场景中的问题。注意感知自己的感受，并确认你在空间中的位置。通过确认你在空间中的位置——无论是背部贴地、脚部着地，还是坐在地上——来安抚你的神经系统。通过感受呼吸进出的感觉，调整到当下的时刻。

结语

恭喜你读完了这本书！你现在对身体的运作方式有了更深的理解，也能更好地关注身体的感觉。

你现在感觉如何？花一点时间暂停，与你的身体连接。感受你的呼吸、心跳和肌肉的紧张感——你的身体正试图向你传递什么信号？

身体的感觉是活着的基本体验。然而，我们常常在生活中忽略身体的某些部分，或者只注意到疼痛和不适。相反，我们可以感受与身体的连接，满怀敬畏和惊叹，让身心调和出一种深刻的归属感。

现代社会总是鼓励我们将调节自身状态的能力外包出去。我们通过购物来让自己感觉更好，努力跟随潮流。但这些方法并不总是有效，长期来看反而可能让我们感觉更糟。

本书提供了一种不同的方法。这是一种内在感受的方法，教你关注身体的感觉，并利用这些感觉来调节情绪。当你学会倾听自己的身体时，你就能做出明智的决定，知道自己需要做什么来感觉更好。

认知不仅仅和精神有关，而是涉及你的整体自我。你的精神和身体受到许多因素的影响，包括你周围的环境、你的处境、他人的苦难，以及我们共同生活的这个世界。虽然你无法控制不断变化的环境，但你可以控制自己的反应。

快节奏的问题在于，它充满了感知上的威胁，触发了我们神经系统的"行动"部分。这可能让我们感到被困在一种过度警觉的不安状态中，这种状态可能会演变成慢性疲劳和情绪疲惫。我们集体经历着世界的混乱，却仍被期望继续保持一切如常。

我们如何在不崩溃的情况下承受所有这些冲突的状态？生活在永久的认知失调的状态中，对身体和大脑造成了很大的影响。

你的超能力其实是你的注意力。专注是一种与你的生活建立亲密关系的有效方式。学习"安抚"始于学习"感受"，始于感知我们身体中正在发生的生理变化。我们开始关注身体传递给我们的信号，我们开始理解，意识能够平静神经系统，并促进我们的组织和器官更好地运作。

这种连接使我们能够更深刻地关爱自己，并与他人和外界建立更好的关系。当你真实地生活时，你也让周围的人感到不那么孤独。当你学会自我调节时，你也在影响他人的情绪。

我所帮助过的每一个人——无论他们的年龄、性别、社会经济地位如何——都渴望与自己的生活建立更亲密的连接。你并没有被困住，也没有破碎，你有能力适应并改变不断变化的环境。你只需暂停、思考、整合，然后采取适当的行动。

我希望你现在明白如何保持好奇心，来关注生活的过程。

你所需要做的只是开始——一次迈出一小步，舒缓地前进。

结　语

关于作者与译者

纳希德·德贝尔吉翁

纳希德是一位躯体运动教育者，同时也是"The Human Method"的创始人。这是一个彻底的再学习系统，致力于更好地协调身心。纳希德目前运营着一个在线工作室，为客户提供咨询和私教课程，并提供定制化的神经系统调节服务。纳希德现在与丈夫和三只波士顿梗犬一起生活在海边。

周六野 Zoey

AFAA 国际认证健身教练；国际瑜伽联盟 RYT 200 瑜伽导师；国际瑜伽联盟 RPYT 孕产瑜伽导师；全网自媒体平台粉丝数超过 3000 万人，拥有 10 年科学健身经验；2020 年 B 站百大 UP 主之一。

致谢

如果没有一支优秀的团队帮助我打磨和完善，这本书是不可能完成的。事实证明，写书是一项相当大的挑战。

感谢我的经纪人瓦莱里娅 (Valeria)，感谢你相信这本书。感谢 Profile Books 的所有成员，尤其是辛迪 (Cindy)，她要求我不断深入挖掘，打磨文字。辛迪最初热情的回复是那么鼓舞人心，否则我不可能出版我的第一本书。

感谢曼迪·格林菲尔德 (Mandy Greenfeld) 进行文案编辑，霍利·凯特 (Holly Kyte) 进行校对，埃米莉·弗里塞拉 (Emily Frisella) 管理整个流程，以及封面设计师萨姆·马修斯 (Sam Matthews)。

感谢我身边所有支持我的人。特别感谢大卫·珀尔 (David Pearl)，他以多种方式支持我，甚至在我撰写初稿中途电脑崩溃时给我买了一台笔记本电脑。

感谢 The Beam Room 的乔吉·沃尔夫登 (Georgie Wolffenden)，她在我面临挑战时支持并帮助我，即使我改变方向，决定出售工作室并搬到海边。

感谢苏珊·赖利 (Susan Riley)，她多年来帮助我塑造自己的想法。感谢法拉赫施托尔 (Farrah Storr)，她支持我经历多次转变，并将我引入 Substack。感谢露西·塞芬斯（Lucie Seffens）对我的支持。感谢丽贝卡·纽曼（Rebecca Newman），让我得以尝试提出一些新想法。感谢可爱的柯丝蒂·华莱士（Kirsty Wallace）和露埃拉（Luella），她们在写作过程中给我寄来了关怀包裹和卡片，并且是第一批阅读本书的人。

感谢德尔梅·罗瑟（Delme Rosser），她帮助我构思了本书的封面。同时感谢所有长时间听我谈论本书的朋友们。

感谢健康和美容界所有对我的工作表现出兴趣并给予我支持的人，特别是阿特·朱厄尔（Ateh Jewel），感谢她慷慨的心。

没有多年来众多杰出导师的教诲，我将一无是处。感谢英国费登奎斯培训中心（Feldenkrais Training Centre）的主任加雷特·纽厄尔（Garet Newell），感谢你充满激情的教学。感谢朱迪思·汉森·拉塞特 (Judith Hanson Lasseter)，感谢加里·卡特（Gary Carter），感谢迈克尔·斯通（Michael Stone），感谢本·沃尔夫（Ben Wolff）——感谢你们照亮了我前行的道路。

感谢那些通过工作帮助和影响我的老师：斯蒂芬·巴彻勒（Stephen Batchelor）、理查德·布朗博士（Dr Richard Brown）和帕特里夏·格尔伯格博士（Dr Patricia Gerberg）、鲁西·阿隆（Ruthy Alon）、邦尼·班布里奇·科恩（Bonnie Bainbridge Cohen）、大卫·泽马赫 - 贝尔辛（David Zemach-Bersin）、杰夫·哈勒（Jeff Haller）。

感谢我所有的客户，每次我们在线上课程、私人课程、工作坊中相遇时，你们都能磨炼我的技能。

特别感谢萨拉·布鲁克斯（Sarah Brooks），多年来她一直鼓励和支持我做大胆的事情；以及卡罗琳·班克斯（Caroline Banks），她始终在支持我。

感谢所有在 Substack 上支持我的人。

感谢我的妈妈，她教会了我如何无畏。纪念我的爸爸，他勇敢地为我们全家人能在伦敦生活创造了条件。我希望他知道我写了这本书。

再次感谢我的丈夫鲁迪（Rudy），他既聪明又体贴，为我做饭，校订初稿，并全程陪伴我度过这段时光。没有他在身边，生活将失去一半的乐趣。

最后，感谢我的狗狗们，幸运皮埃尔（Lucky Pierre）、邦邦（Bon Bon）和小路易斯（Lil' Louis），它们教会了我如何通过睡眠、奔跑、翻滚和玩耍来照顾神经系统。